握成長的重要時期

定植與播種豐收密技

木嶋利男

瑞昇文化

前言

蔬菜的原產地和家庭菜園的環境有所差異

番茄和馬鈴薯來自於南美，地瓜及玉米為中美，高麗菜和青花菜等十字花科或麥類則是地中海……每種植物都有其原產地。在原產地，種子會在適合的時期發芽，進行營養生長使莖葉茂密，接著轉換至生殖生長的階段（24頁）。最後開花結果，繁衍下一代。另外，將種子在相異於原產地的環境下播種，則會開始馴化，以適應發芽環境的氣候和土壤等環境條件。

將植物當作農作物栽培時，栽培條件和原產地相同固然是最好，不過栽培環境也未必一定要和原產地完全相同。像是在養分比原產地還要少的土地栽培時，可以施肥補足，或是因為氣候不同而容易發生病蟲害情況時，就可以藉由農藥等加以防止。

此外，植物在營養生長和生殖生長之間，會有一段矛盾期。如果環境等生長條件良好，植物便會不斷持續著營養生長，導致無法開花繁衍後代。但是生長條件如果太差，便會迅速開花繁衍後代。1～2年生的草本植物，一旦開花之後就結束其一生。

藉由定植和播種
來調控蔬菜的生長

小松菜及菠菜等葉菜類、白蘿蔔和紅蘿蔔等根菜類，以及洋蔥和高麗菜等莖菜類，一旦開花之後就無法採收，因此會在和蔬菜本來生理及生態的相反時期，進行定植或播種以避免開花。

反之，番茄和茄子等果菜類，如果無法從營養生長轉換至生殖生長使其開花，就沒辦法採收果實，因此為了促進花芽分化，會刻意在不適合生長的環境中栽培。人們就是這樣根據使用目的，進行蔬菜的定植和播種等各種栽培。

所謂農業，並非根據植物原本的生理、生態來栽培，而是為了得到穩定的食物來源，有效地調控植物的生長。

尤其是有如「苗七分作※」所說，幼苗的定植或播種，是在蔬菜的環境適應性最佳時期所進行的作業，對於之後的生長會帶來很大的影響。說是定植或播種的方法，決定蔬菜是否能豐收一點也不為過。另外，藉由更換定植或播種的方法，也能讓蔬菜的風味更佳，或是增加收穫量等，可以調控蔬菜的各種生長狀況。

為了因應和原產地環境條件相異的土地，以科學角度所開發的「定植」和「播種」時期及方法等知識，若能深入了解，想必能讓全新的家庭菜園生活更加充滿樂趣。

木嶋利男

※苗七分作：日本農家的俗語。意指苗的優劣是決定能否豐收的大半因素。

目錄

前言 …… 2

第1章 定植和播種的密技 …… 9

番茄 …… 10

密技① 帶盆定植 …… 12

密技② 夯實定植 …… 14

密技③ 高畦&根域限制定植 …… 16

密技④ 斜躺定植 …… 18

密技⑤ 切根定植 …… 20

密技⑥ 側芽定植 …… 22

密技⑦ 穴盤苗定植 …… 24

密技⑧ 直接用果實種植 …… 26

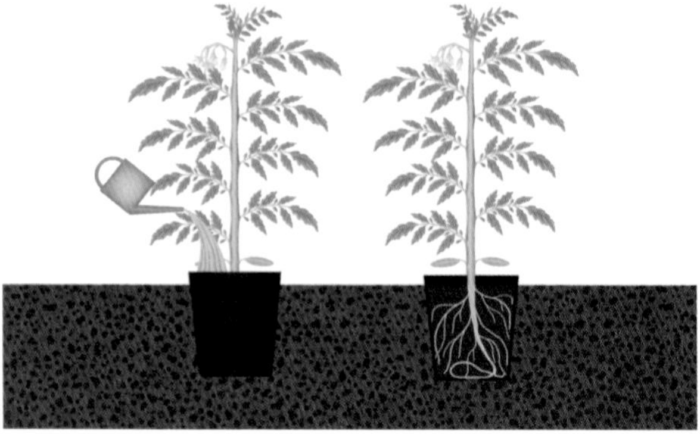

茄子……28
密技1 高畦定植……30
密技2 底層鋪落葉定植……32
小黃瓜……34
密技1 草叢定植……36
密技2 田間直接播種……38
密技3 原有植株旁連續播種……40
西瓜……42
密技1 圓形高畦……44
密技2 和馬齒莧混植……46
南瓜……48
密技1 草叢定植……50
密技2 田間直接播種……52
玉米……54
密技1 和四季豆混植……56
密技2 超延遲播種……58
密技3 淋熱水定植……60
密技4 田間直接播種……62
毛豆……64
密技1 切根定植……66
密技2 3顆播種……68
密技3 和小黃瓜混植……70
密技4 草生栽培……72

花生……74
密技① 切根定植……76
密技② 田間直接播種……78
四季豆……80
密技① 3顆播種……82
密技② 原有植株旁連續播種……84
秋葵……86
密技① 4～10顆播種……88
高麗菜、青花菜……90
密技① 切根定植……92
密技② 和菊科蔬菜混植……94
密技③ 密集定植……96
洋蔥……98
密技① 小苗密植……100
密技② 一個植穴種2株……102
密技③ 和絳紅三葉草混植……104
密技④ 春季定植……106
密技⑤ 超延遲定植……108
大蔥……110
密技① 深植……112
密技② 3～5根斜向定植……114
菠菜……116
密技① 延遲定植……118

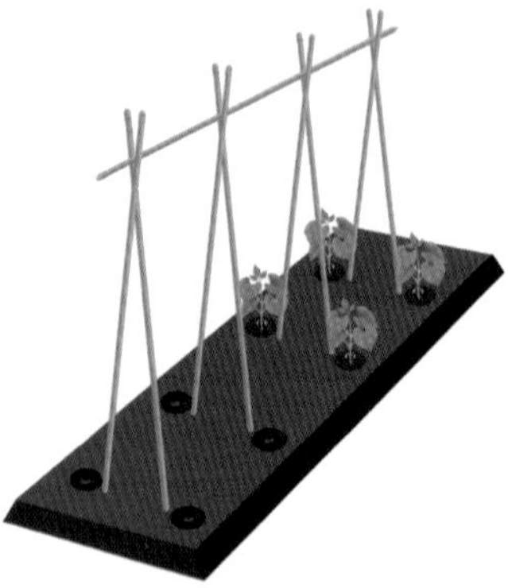

紅蘿蔔……120
密技① 延遲播種……122
白蘿蔔……124
密技① 和芋頭混植……126
馬鈴薯……128
密技① 逆向定植……130
密技② 高畦定植……132
密技③ 和赤藜&白藜混植……134
密技④ 超淺定植……136
密技⑤ 整顆定植……138
密技⑥ 深溝定植……140
地瓜……142
密技① 垂直定植……144
密技② 平畦/高畦定植……146
密技③ 和紫蘇混植……148
密技④ 和豇豆混植……149
芋頭……150
密技① 逆向定植……152
密技② 直接用母芋定植……154
密技③ 和生薑混植……156
大蒜……158
密技① 去皮定植……160

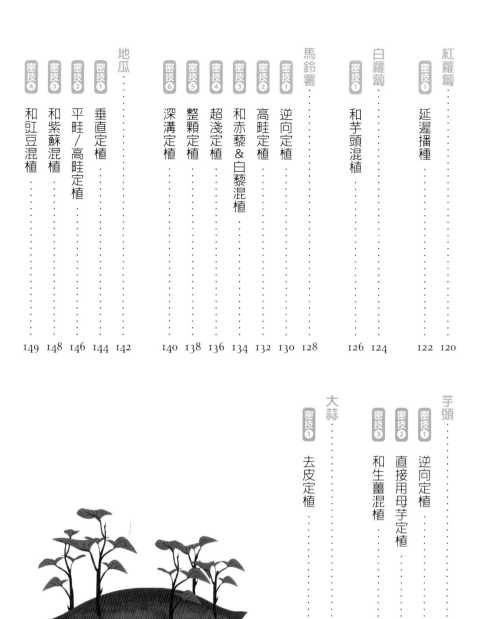

第2章 定植和播種的基礎知識

第2章 定植和播種的基礎知識……161
直接播種？還是用幼苗定植？……162
直播的基礎知識……164
密技① 作出土壤的三層立體構造……165
幼苗定植的基礎知識……166
密技① 咕嚕咕嚕定植……167
密技② 中午前定植／傍晚定植……168
育苗的基礎知識……169
密技① 兩層式育苗……170
密技② 種子的濕冷處理……171
密技③ 低溫／高溫處理……172
密技④ 散播……172
密技⑤ 切斷胚軸扦插法……173
營養繁殖的基礎知識……174

第1章

定植和播種的密技

番茄

●分類　茄科
●原產地　南美安地斯

栽培管理時注意水分不要過多

番茄喜好18～28℃的溫暖氣候。超過33℃的話會生長不良，花粉的授粉率也會大幅下降。因此若在梅雨季結束之後的盛夏期開花，便會難以結果實。

在原產地安地斯山脈，雨量少而且經常會起霧。因此莖葉便進化成布滿絨毛的狀態，以便吸收水分。所以若在水分過多的環境下栽培，莖葉也會吸收水分，而使得枝葉過於茂密，結果養分都使用於莖葉而非果實的生長。此外，果實的水分太多，也會使糖度下降。在日本若為露地栽培時，由於會遇到降雨量較多的時期，因此會架設支架覆蓋透明的塑膠布來防雨，以提高品質。

從播種開始栽培時，會在定植幼苗的前60～70天，於育苗箱中條狀播種，生長至本葉為1．5片的時候，再移植至黑軟盆中。接著本葉生長至7～9片，並且開出第一朵花之後便可定植。市售的幼苗也可以用相同方式栽種。

在定植當天充分灌水，讓苗株充分吸收水分。為了能往相同的方向開花，因此定植時會將花面向方便採收的道路側。定植後雖然會稍微枯萎，不過也無需澆水。待4～5天後植株恢復生長，再架設支架進行誘引。葉子的基部會生長許多側芽，可用手摘除以避免過於茂密。

基本的定植

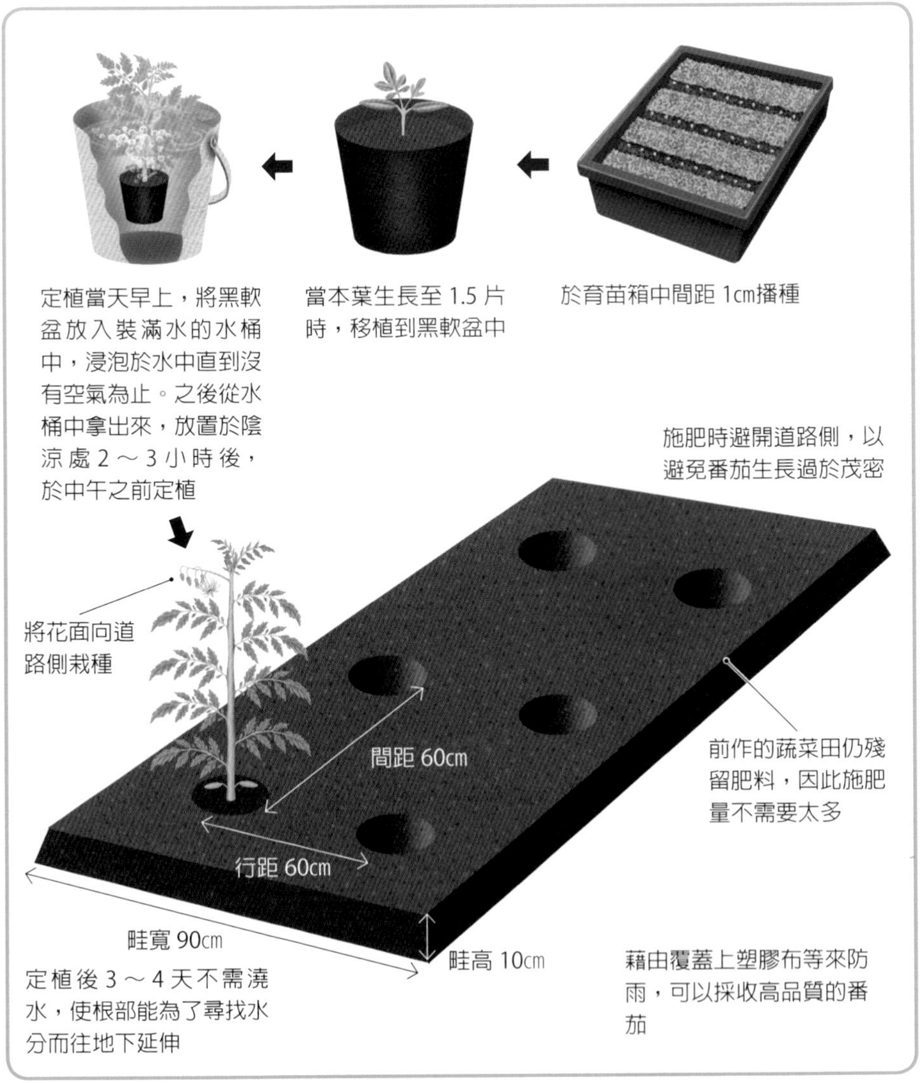
定植當天早上，將黑軟盆放入裝滿水的水桶中，浸泡於水中直到沒有空氣為止。之後從水桶中拿出來，放置於陰涼處 2 ～ 3 小時後，於中午之前定植
當本葉生長至 1.5 片時，移植到黑軟盆中
於育苗箱中間距 1cm播種
施肥時避開道路側，以避免番茄生長過於茂密
將花面向道路側栽種
間距 60cm
前作的蔬菜田仍殘留肥料，因此施肥量不需要太多
行距 60cm
畦寬 90cm
畦高 10cm
定植後 3 ～ 4 天不需澆水，使根部能為了尋找水分而往地下延伸
藉由覆蓋上塑膠布等來防雨，可以採收高品質的番茄

定植時期

一般地區　4 月下旬～ 5 月中旬
寒冷地區　5 月中旬～ 6 月上旬
溫暖地區　4 月上旬～ 4 月下旬

田間準備

定植 3 週前以上，於畦部分施以成熟堆肥、油粕和米糠等有機質肥料，並確實耕耙，讓土和有機肥料充分混合。

密技1

帶盆定植

增加甜味和鮮味，減少病害

番茄的水分如果太多，糖度便會降低。因此若要提升果實的甜度，栽培時就必須減少水分。最簡單的方法就是將種植在黑軟盆中的幼苗，直接定植於田間。根部會因為栽培盆而限制生長範圍，減少水分的吸收，藉以提高番茄的糖度。此外，由於根部不容易接觸到土壤中的病原菌，因此也不容易發生病害。不過，由於根部的生長受到限制，莖葉的生長也會較慢，使得果實數量減少。

幼苗的準備方法和一般栽培相同，使其充分吸水後再定植。定植之前，也要將植穴確實灌水後，再將幼苗連同栽培盆直接栽種。定植後充分澆水，讓水分能從軟盆底部流至土壤中。

番茄會因為栽培盆的阻擋，使得根部無法自由伸長。唯一的根系只會從盆底部的底洞伸長，因此會造成水分不足，幼苗在白天會枯萎。如果置之不理會因此而枯死，所以在連續晴天的時候，可增加澆水的次數。

白天一旦呈現枯萎狀態，由盆底伸長而出的根部就會開始生長。之後的植栽管理便可減少水分，維持在稍微乾燥的狀態，待下葉開始捲曲，土壤表面呈現乾燥且泛白的狀態後再澆水即可。

※定植時期／田間準備／間距、行距、畦高、畦寬，以第11頁為準。

如何種植？

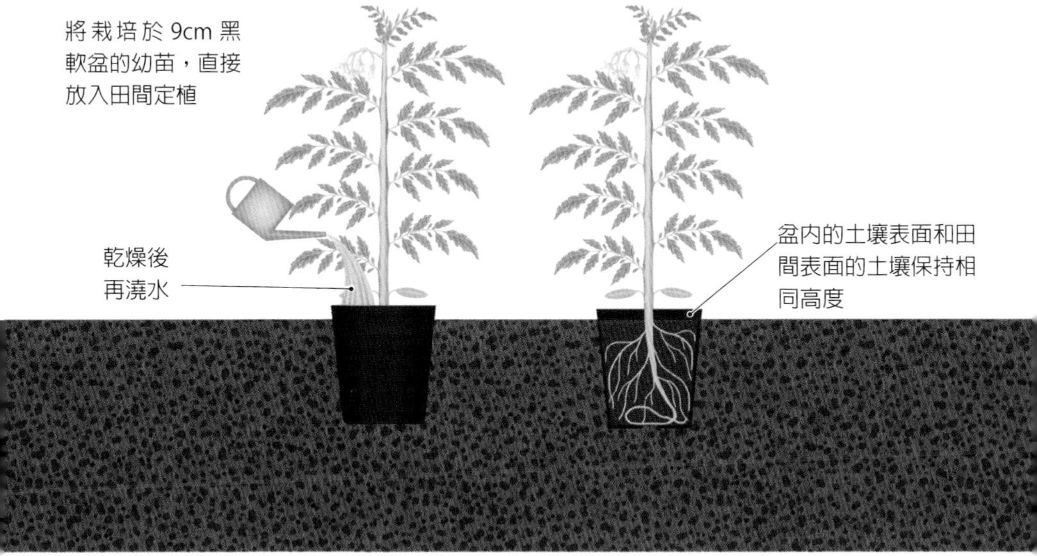
將栽培於 9cm 黑
軟盆的幼苗，直接
放入田間定植
乾燥後
再澆水
盆內的土壤表面和田
間表面的土壤保持相
同高度

會變成這樣！

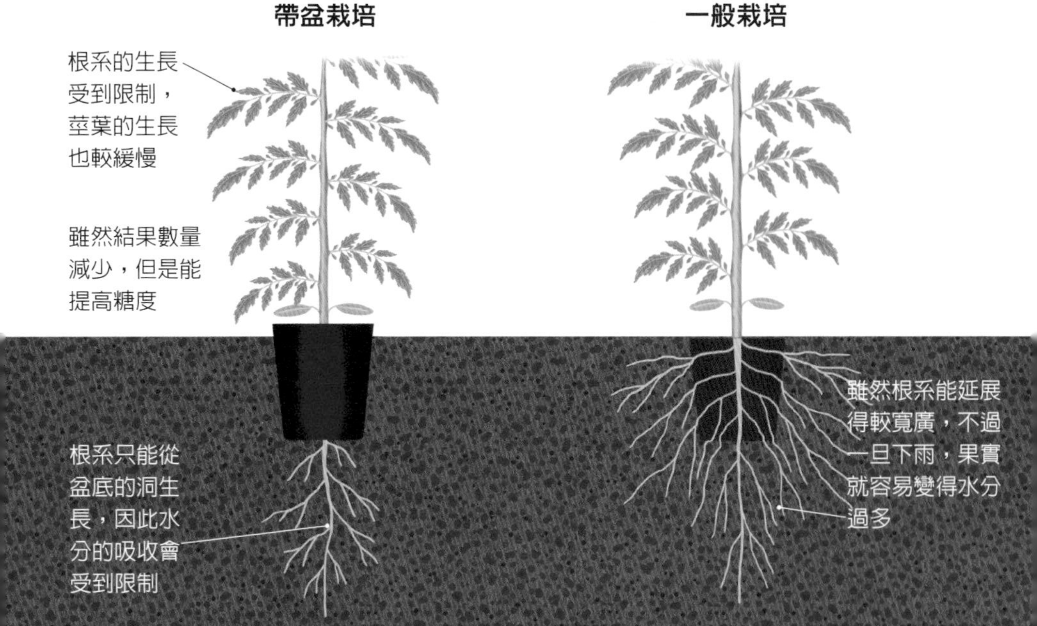
帶盆栽培
一般栽培
根系的生長
受到限制，
莖葉的生長
也較緩慢
雖然結果數量
減少，但是能
提高糖度
根系只能從
盆底的洞生
長，因此水
分的吸收會
受到限制
雖然根系能延展
得較寬廣，不過
一旦下雨，果實
就容易變得水分
過多

密技2

夯實定植

穩定生長，提高糖度

若因降雨而讓土壤不斷重複在過乾及過濕的狀態，會讓番茄的果皮增厚，而無法提高糖度。因此可將土壤表面壓成結實的狀態，就能使雨水較不容易滲入土壤中。形成團粒結構的土壤，就算表面夯實，在5～10cm以下的下層土壤，仍能維持在柔軟且濕度剛好的狀態。在這種田間環境中栽培的番茄，根系會伸長至較深的土壤中，因此能穩定植株生長，並提高果實的糖度。

不過，由於土壤表面夯實堅固，在生長途中無法施予水分和養分。因此為了使沒有追肥的植株茁壯成長，整土的時候就非常重要。在定植之前，成熟堆肥施以一般量的2倍（每1㎡施以2～3kg）、有機質肥料施以1．5倍（每1㎡施以300～400g），並進行深耕。接著充分澆水之後，再用麥桿滾壓輪或是腳確實踩踏壓平。重複澆水和壓平2～3次，直到土壤表面堅固為止。由於表面堅硬，因此可以用鏟子等挖出比栽培盆略大、直徑10～15cm、深15cm、間距60cm的植穴。

幼苗的準備方法和一般栽培相同。在定植當天將幼苗連同黑軟盆放入水桶中浸泡，從桶中取出後放置於陰影處2～3小時，使其充分吸水。接著再將幼苗從盆中取出，不需要鬆開根系直接定植。

※定植時期／間距、行距、畦高、畦寬，以第11頁為準。

如何種植？

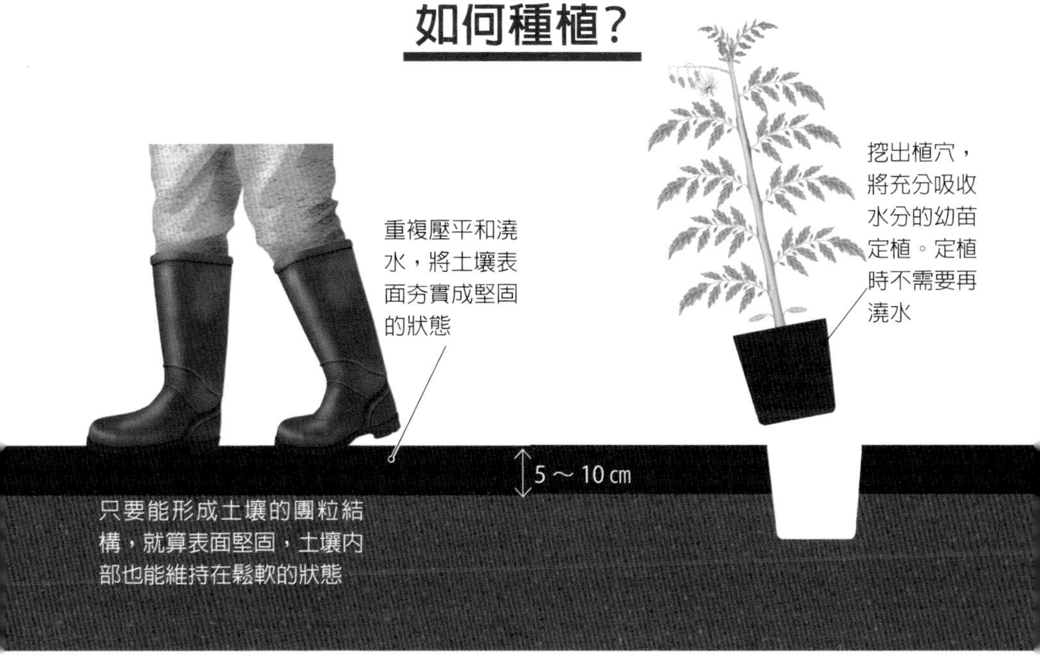
重複壓平和澆水，將土壤表面夯實成堅固的狀態
挖出植穴，將充分吸收水分的幼苗定植。定植時不需要再澆水
5～10㎝
只要能形成土壤的團粒結構，就算表面堅固，土壤內部也能維持在鬆軟的狀態

會變成這樣！

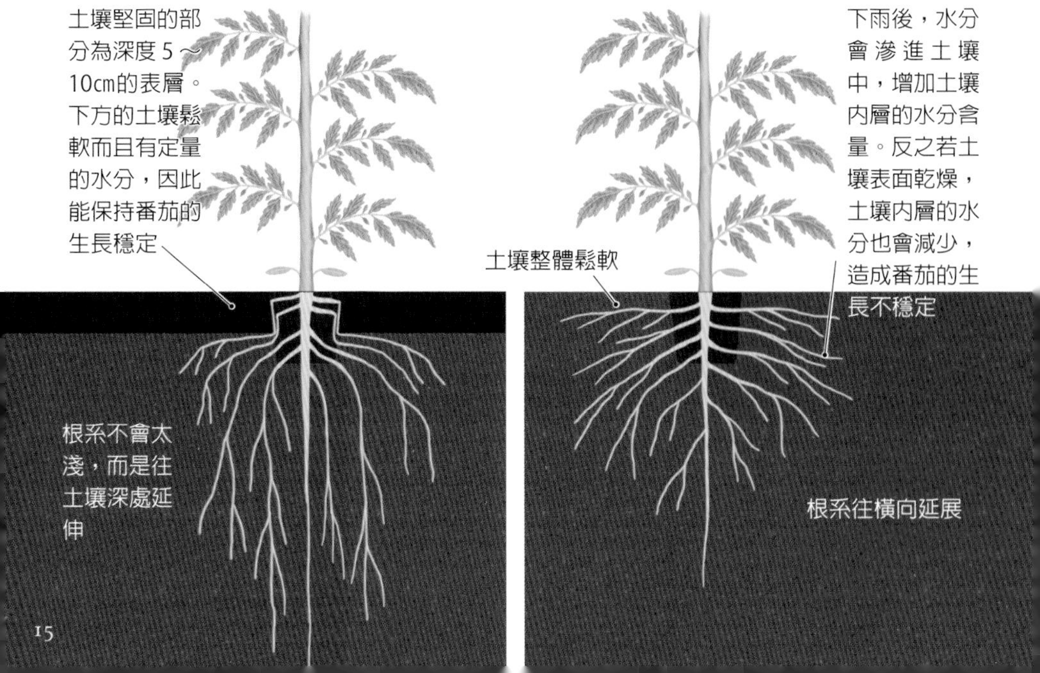
夯實定植
一般栽培
土壤堅固的部分為深度5～10㎝的表層。下方的土壤鬆軟而且有定量的水分，因此能保持番茄的生長穩定
根系不會太淺，而是往土壤深處延伸
土壤整體鬆軟
下雨後，水分會滲進土壤中，增加土壤內層的水分含量。反之若土壤表面乾燥，土壤內層的水分也會減少，造成番茄的生長不穩定
根系往橫向延展

密技3

高畦&根域限制定植

能採收高糖度的果實

和帶盆定植一樣（12頁），是能減少水分的吸收、提高番茄糖度的定植方法。根系過長也會增加水分吸收量，因此藉由製作高畦，以及鋪設防根布來限制根域。

整土的方法和一般栽培相同。整土後在製作高畦的位置往下挖掘15～20cm，鋪設防根布之後，再將土回填，接著製作15～20cm高的畦。就算不作畦只鋪設防根布，或是不鋪設防根布只作高畦，也都有限制番茄根系延展範圍的效果。

幼苗的準備方法和一般栽培相同，間距60cm定植2列後充分澆水。一般栽培為了讓番茄的根部尋求水分往下生長，在定植後的4～5天內會暫停澆水，不過高畦&根域限制定植法則是會給予水分，以避免根系過長。但是為了減少果實的水分含量，待植株恢復生長後，就可以減少澆水以保持乾燥狀態，直到下葉捲曲、土壤表面呈現泛白乾燥的狀態後，再澆水即可。另外，一定要架設塑膠布防雨，並且在周圍挖掘深度20cm以上的溝，以避免雨水流入。

由於水分的吸收受到限制，葉子或莖部都會長得比較細小，但是能提高果實的糖度。不過果實的尺寸也會比較小，收穫量也會稍微減少。

※定植時期／田間準備／間距、行距，以第11頁為準。

如何種植？

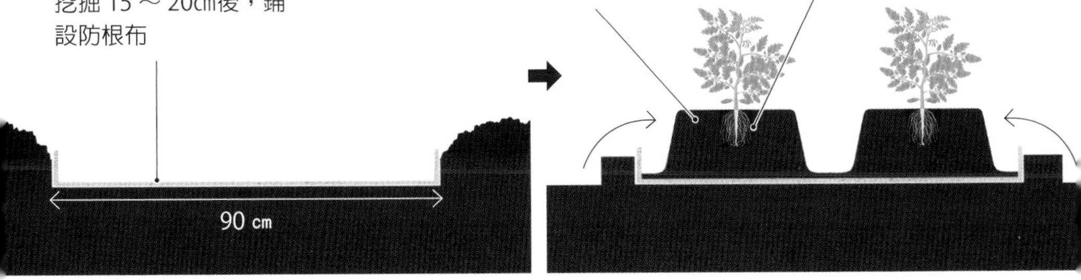
在準備作畦的部份往下挖掘 15 ～ 20cm後，鋪設防根布
90 cm
將土回填，接著再將周圍補上土，製作出高約 15 ～ 20cm的高畦
定植幼苗後充分澆水。這種定植方法不需要將幼苗浸泡於水桶中

會變成這樣！

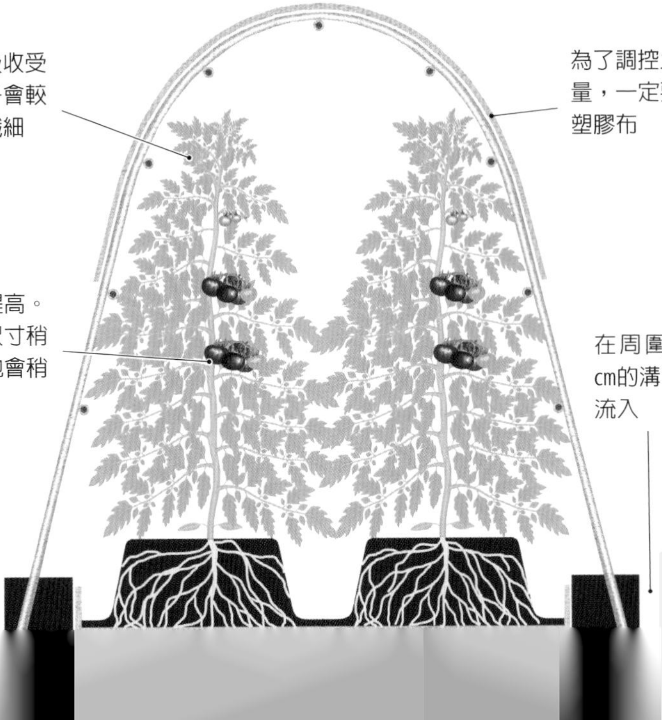
由於水分的吸收受到限制，葉子會較小而莖部較纖細
果實的糖度提高。不過果實的尺寸稍小，收穫量也會稍微減少
為了調控土壤水分含量，一定要架設防雨塑膠布
在周圍挖掘深 20 cm的溝，避免雨水流入

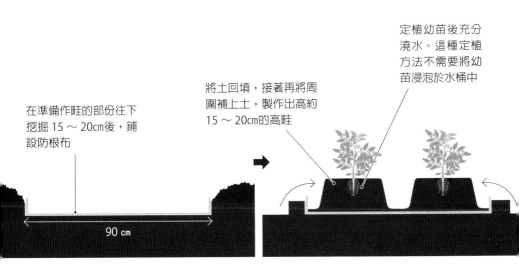

密技4

斜躺定植

增加收穫量，也能抵抗病蟲害

番茄一旦接觸到土壤或水分，就會從莖部長出許多不定根。不定根旺盛時，就能增加水分和養分的吸收而茁壯成長，著果數量也會隨之增多。此外也能延長收穫期。

為了讓不定根大量生長，因此使莖部斜躺，深植至第一片葉的部份。如此一來，便能長期採收大量果實。不過，果實的糖度也會因此而降低。帶盆定植等方法（12頁），是重視果實風味的定植方式，而斜躺定植則是重視增加收成量。

苗株的準備方法和一般栽培相同。斜躺定植是將莖部埋在土壤中，因此無法用嫁接苗來定植。所以一定要準備自根苗（包括扦插苗及實生苗）。定植當天不需要澆水，保持幼苗稍微乾燥的狀態。田間沿著畦挖出深5～10㎝、底部寬度20㎝的種植溝。

斜躺定植時，將幼苗從盆中取出後，須將根系土壤鬆開，使幼苗斜埋入土中直到第一片葉的位置。定植後充分澆水。如此便能促進莖部生長不定根，增強植株的生長勢。同時也能提高對於病蟲害的抵抗力。

另外，如果空間有限而無法充分使幼苗斜躺時，可以不要鬆開根系土壤，直接將幼苗埋置第一片葉「深植」，也能獲得相同的效果。

※定植時期／田間準備／行距、畦高、畦寬，以第11頁為準。

如何種植?

斜躺定植時，將根系土壤鬆開後，埋至第一片葉為止
90cm
為了促進莖部生長不定根，定植後要充分澆水

會變成這樣！

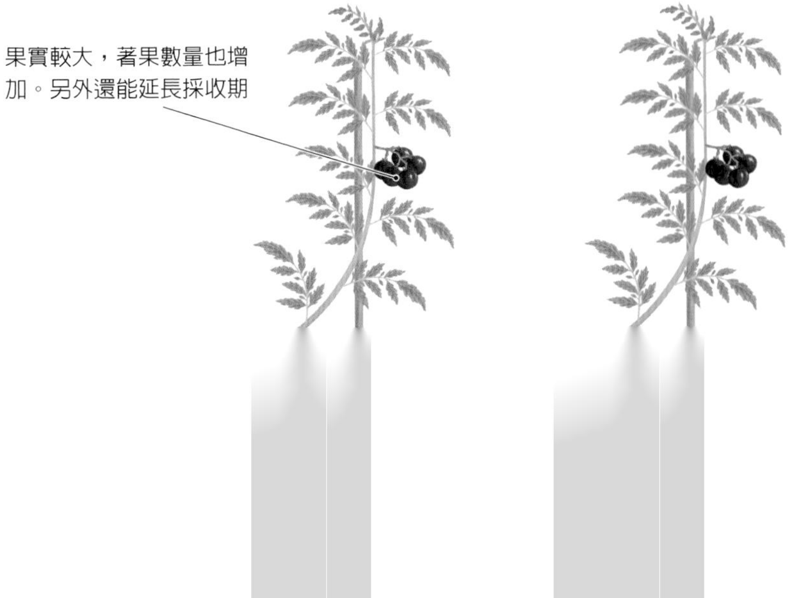
果實較大，著果數量也增加。另外還能延長採收期

密技5

切根定植

使老化的苗株恢復生長勢，延長採收期

※定植時期／田間準備／間距、行距、畦高、畦寬，以第11頁為準。

在居家購物中心等購買的番茄苗，有時候會出現老化的情況。此外，如果是自己育苗時，也可能會因為下雨等狀況，延遲了田間準備或定植時期，而造成苗株老化。

像這種老化苗株，可以從盆中取出部份根系切除，就能恢復生長勢。

確認苗株是否老化的其中一種方法，就是確認根系表面的顏色。根部於盆內生長形成包覆土團的根系後，表面的根會老化呈現褐色，如果直接定植就會降低植株的活力。

因此苗株自盆中取出後，將土壤確實撥開，用手或是剪刀去除3分之2的根系，只留下1根主根。之後再用一般栽培方式定植即可。

由於去掉了大部分的細根，植株的存活率較低，所以在定植後要充分澆水。不再呈現枯萎狀態後，就表示已經開始長根，便可開始誘引至支架。

和一般栽培方式相比發根較慢，因此初期的生長情況會比較差。一旦發根後，新長出來的根會往土中延展，大量吸收水分和養分。生長勢也逐漸恢復，甚至比一般栽培的生長狀況還要旺盛。

不過施加追肥時要控制分量，以免生長勢過強。

如何種植？

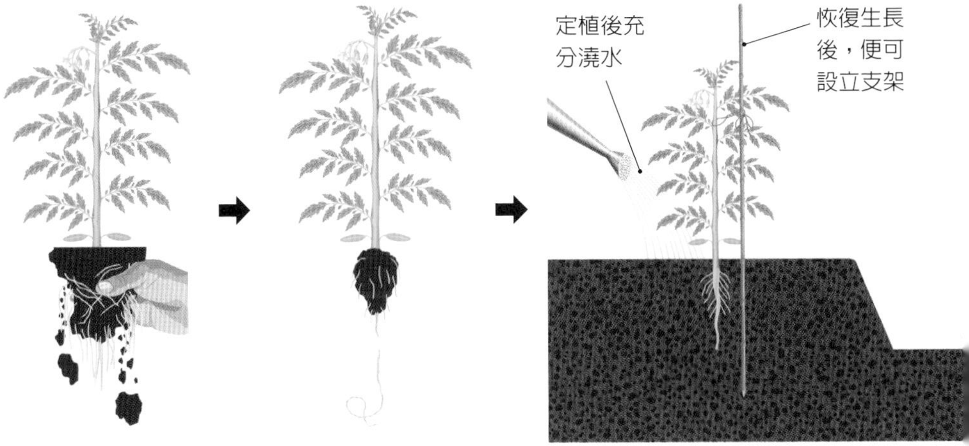
定植後充
分澆水
恢復生長
後，便可
設立支架
苗株從盆中取出後，
將土團鬆開，去除
2/3 的根系

會變成這樣！

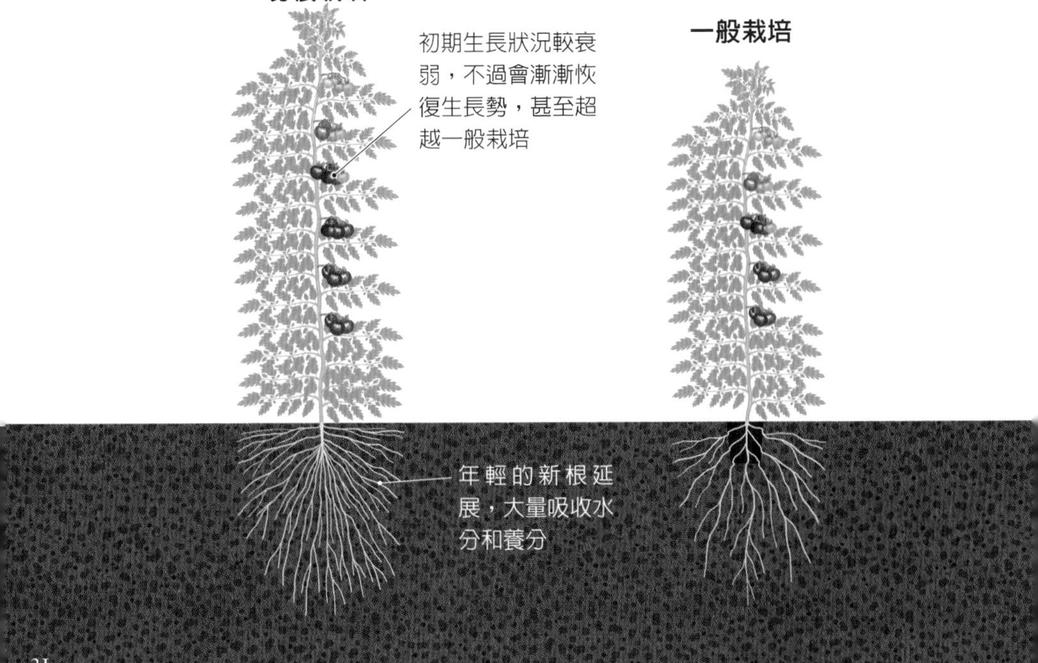
切根栽培
初期生長狀況較衰
弱，不過會漸漸恢
復生長勢，甚至超
越一般栽培
一般栽培
年輕的新根延
展，大量吸收水
分和養分

密技6

側芽定植

更新年輕的苗株，而且能長期採收

※定植時期／田間準備／間距、行距、畦高、畦寬，以第11頁為準。

番茄苗一旦老化，果實的品質會下降，收成量也會隨之減少。因此利用定植後長出的側芽，藉由扦插側芽培育新的苗株，就能透過年輕的苗株不斷收成果實。就算最初只種一株番茄苗，途中也會陸續增加苗株的數量，因此田間要準備可定植10株以上的種植空間。最初的苗株使用自己育苗或是購買的苗株皆可。

最初的苗株，定植方式和一般栽培相同。長出側芽後，一般栽培的情況下會立刻摘除，不過這裡是任其生長至2片葉子以上之後，再由基部往側向摘除。側芽也會開花，因此將花面向畦的外側，以間距60㎝扦插於田間。從最初定植的苗株開始，會陸續生長出側芽，待側芽長大後再以相同方式扦插。

扦插後會呈現枯萎的狀態，4～5天之後會發根且挺立。使其繼續生長4～5天之後，再誘引至支架上。

一般栽培的情況下，同時種植好幾顆番茄苗時，會因為定植時期相同而使收穫時期重疊。但是用側芽來扦插栽培時，根據扦插時期的順序，大約每隔4～5天就能依序採收果實。

另外，也能從扦插繁殖的苗株上摘取側芽繼續扦插。如此一來就能不斷更新年輕的健康幼苗。

如何種植?

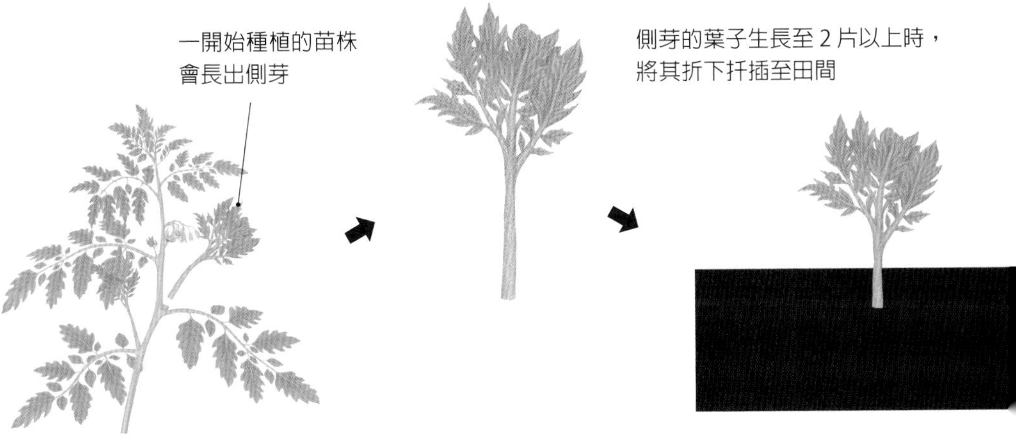
一開始種植的苗株
會長出側芽
側芽的葉子生長至 2 片以上時，
將其折下扦插至田間

會變成這樣!

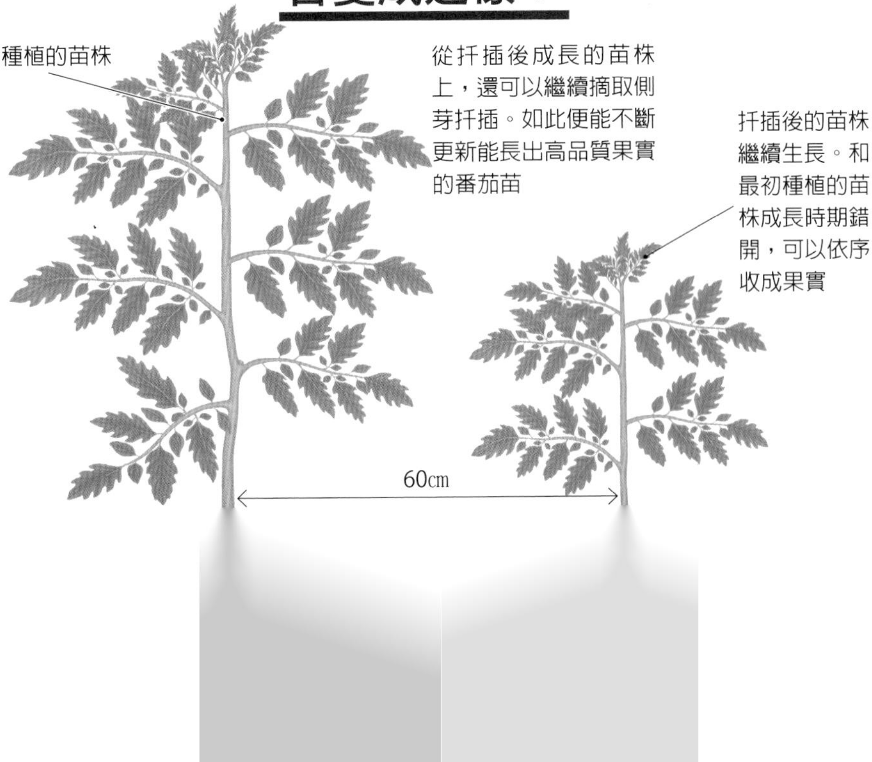
最初種植的苗株
從扦插後成長的苗株上，還可以繼續摘取側芽扦插。如此便能不斷更新能長出高品質果實的番茄苗
扦插後的苗株繼續生長。和最初種植的苗株成長時期錯開，可以依序收成果實
60cm

密技 7

生長勢增強，果實變大

穴盤苗定植

將幼小的穴盤苗直接於田間定植，以栽培出生長勢強的植株之栽培方法。

番茄可分兩種生長階段，使莖葉長大的營養生長，以及開花結果的生殖生長。在開花之前的營養生長期，植株的生長勢較強。另一方面，開花之後會逐漸進入生殖生長，生長勢也會變弱。

一般而言，番茄要在開了第一朵花，進入生殖生長後再開始定植。而穴盤苗定植法則是在番茄的營養生長期定植，所以能增強植株的生長勢，果實也會比較大。不過，此方法會使植株較難以轉換至生殖生長，因此在花序的第三段之後，有可能會使開花數減少，或是發生斷層（無法結果的部分）的情形。

播種時，每格穴盤播1顆種子，於23℃的環境下管理直到發芽為止。發芽後於18～23℃的稍低溫環境下管理，能育出健康的幼苗。長出3片本葉之後，將幼苗從穴盤取出，不需撥鬆根系土壤直接定植於田間。

由於苗株仍然幼小，根系還無法充分伸展於土壤中，因此在長出新根之前要經常澆水。穴盤苗的定植，是在仍未確定花芽方向時進行。所以在長出7～9片本葉，並開出第一朵花的時候，可以輕輕地將扭轉莖部，使花朝向外側誘引至支架，同時避免折斷。開花後生長勢仍然會很強，所以在誘引後要盡量減少澆水。

※田間準備/間距、行距、畦高、畦寬，以第11頁為準。

如何種植？

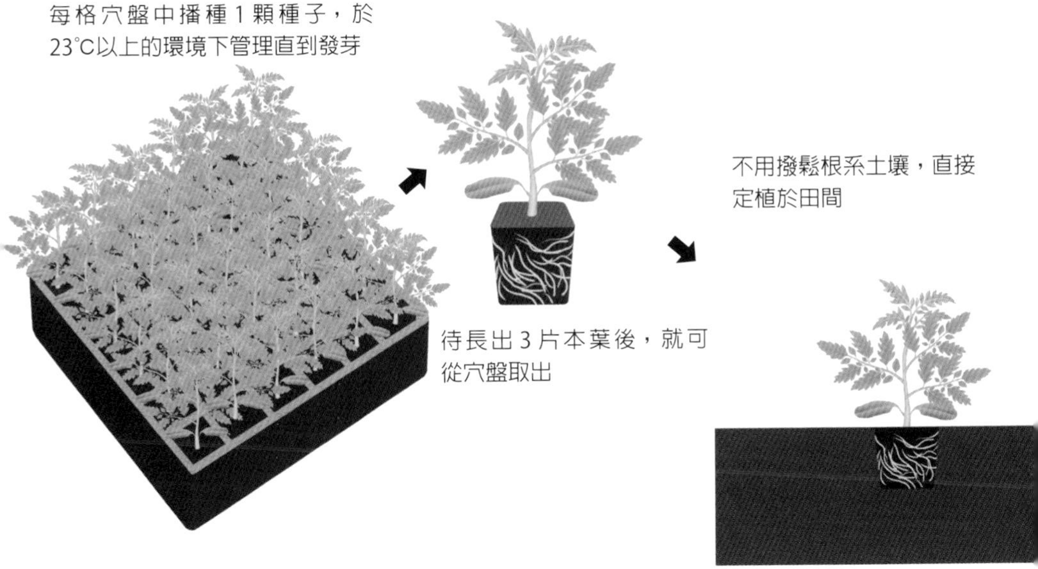
每格穴盤中播種 1 顆種子，於
23°C以上的環境下管理直到發芽
待長出 3 片本葉後，就可
從穴盤取出
不用撥鬆根系土壤，直接
定植於田間

會變成這樣！

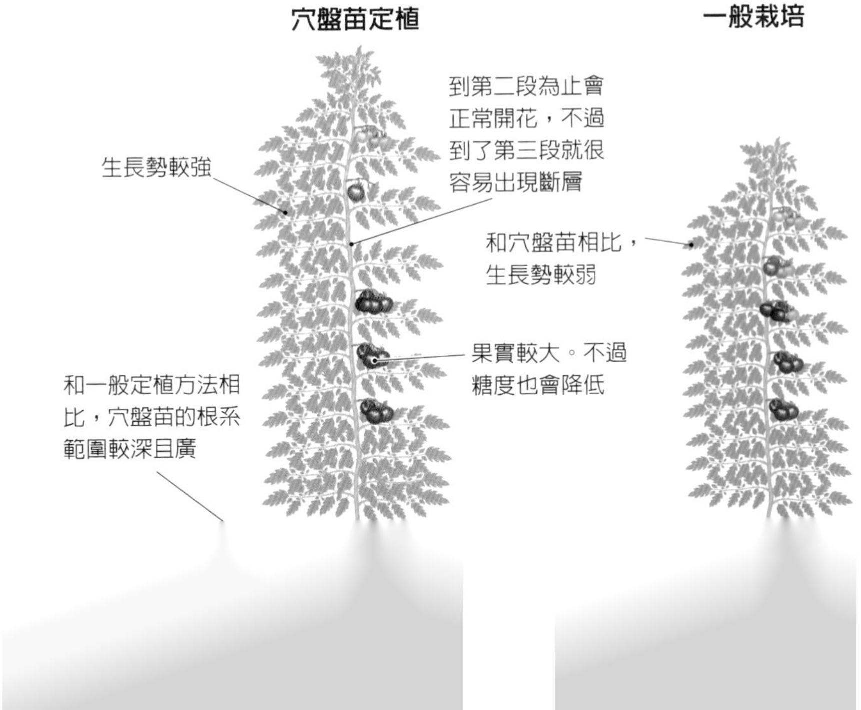
穴盤苗定植
一般栽培
生長勢較強
到第二段為止會
正常開花，不過
到了第三段就很
容易出現斷層
和穴盤苗相比，
生長勢較弱
果實較大。不過
糖度也會降低
和一般定植方法相
比，穴盤苗的根系
範圍較深且廣

密技 8

能栽培出自有品種的番茄

直接用果實種植

大型番茄多是由不同特性的親本所交配出來的F_1（一代雜交）品種。雖然F_1品種會栽培出相同特性的番茄，不過到了下一代，就會栽培出各種特性的植株。因此直接用番茄果實（F_1）種植於田間，就能長出各式各樣特性的芽，這時候就能根據栽培環境，或是自己喜好的特性來挑選植株栽培。

直接種植番茄果實的時候，若在氣溫仍然較高的時期埋入土中，便會在秋天發芽，而到了冬天就會枯死，所以在氣溫12℃以下的晚秋，才是最適合的時期。將自家菜園成熟的番茄，或是購買的番茄直接埋入深5～10㎝的土中。在土壤中過冬後，到了早春便會長出許多新芽。

發芽後不需要間拔疏苗，任其生長即可，只有適合田間環境的植株會存活下來。此外，將每棵存活下來的植株移植後，就能栽培出各種不同特性的番茄植株。由大番茄品系的F_1品種所育成的幼苗中，較快發芽的很有可能是小番茄系，較慢的則有可能是大番茄。迷你番茄系統的固定種較多，因此栽培出的植株大多特性相同。

植物在成長的時候，也會同時適應土壤或氣候等周圍環境。因此於自家採種重複2～3年後，就能栽培出自家菜園才有的自創品種。在自家採種時，可將成熟果實捏碎後，取出種子水洗並乾燥。欲將種子分給其他人時，請遵守種苗法的規定。

※發芽後的管理、定植時期／田間準備／間距、行距、畦高、畦寬，以第11頁為準。

如何種植？

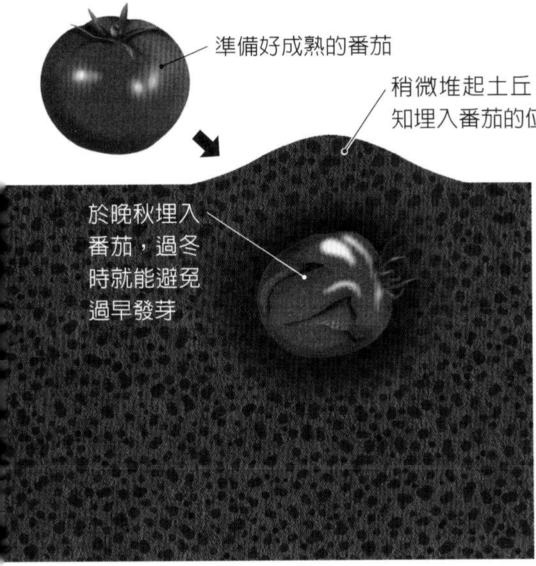

會變成這樣！

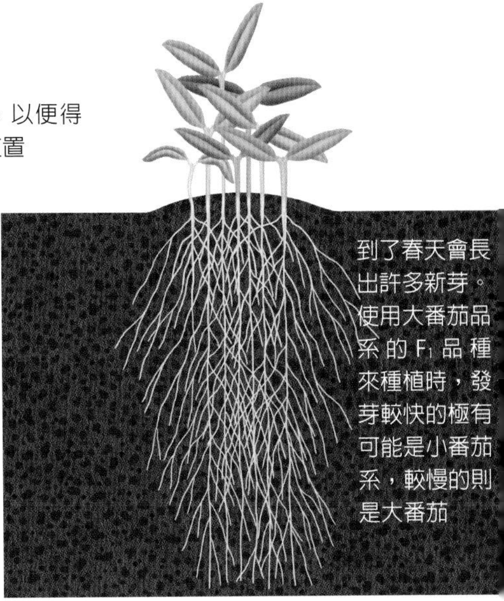

F_1 品種親代和子代的關係

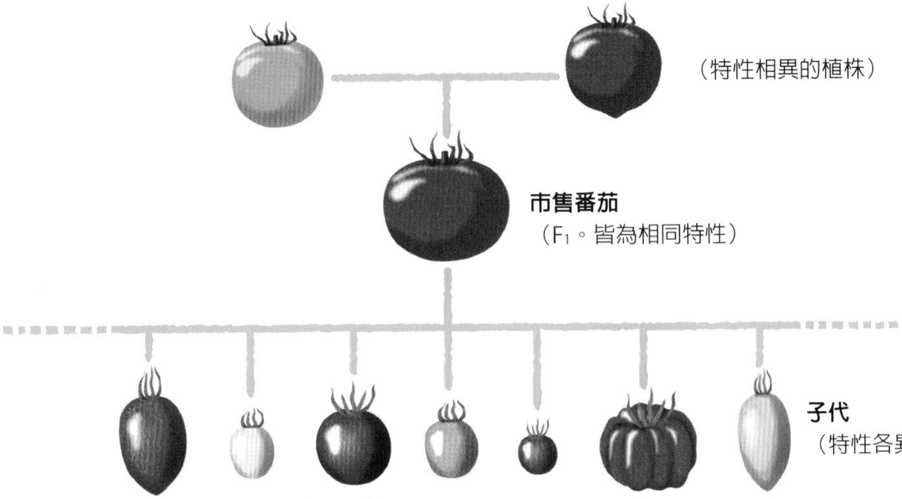
重複自家採種，就能逐漸固定特性，栽培出自有品種的番茄

茄子

●分類　茄科
●原產地　印度東部

大量澆水並施以追肥

茄子喜好介於23～28℃的高溫高濕氣候。原產地在印度東部，以北分化成華南系的長茄，以及華北系的圓茄兩種，兩種品系都有在日本栽培。

發芽需要高溫，因此若由種子開始栽培時，可於定植的60～70天前，於育苗箱中進行條播，放置於氣溫23～28℃的環境下管理。長出1片本葉後，便可移植至黑軟盆中，放置於氣溫稍低的18～23℃環境下管理，直到長出6～7片本葉後便可定植。也可以直接用市售的苗株進行定植。

定植應在晴天的中午前進行。於當天早上將苗株浸泡於裝滿水的水桶中，使其充分吸水。定植後的3～4天內不需澆水，以利根系伸長至土壤深處。

植株恢復生長後，便可架設支架進行誘引。使主莖和2～3根側芽生長，摘除其他所有的側芽。另外，為了增強植株的生長勢，可將第一朵花趁小摘除。有如「茄子是水做的」所說，茄子會吸收大量的水分，所以一旦開始採收，便可於早晚大量澆水。此外也不可中斷施肥，才能不斷採收果實，每半個月就要施以油粕或伯卡西肥※等有機肥料進行追肥。

茄子成熟後澀味也會越強烈，所以要在未成熟時採收利用。於茄蒂部分的刺仍然尖銳、確實包覆果實的狀態下採收。

※伯卡西肥：原文為「ボカシ肥」。是指將油粕或米糠等有機肥料，加入土或稻殼所稀釋而成的有機肥。

基本的定植

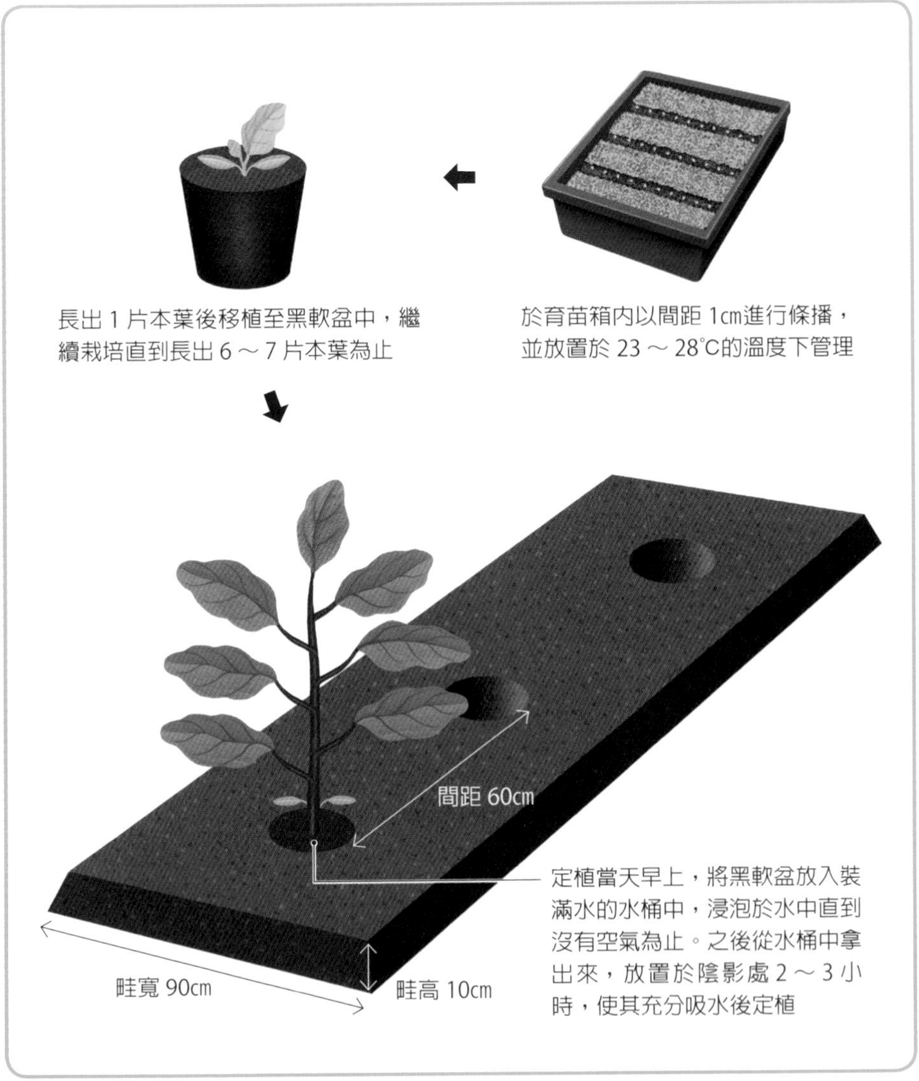
長出 1 片本葉後移植至黑軟盆中，繼續栽培直到長出 6 ～ 7 片本葉為止
於育苗箱內以間距 1cm進行條播，並放置於 23 ～ 28℃的溫度下管理
間距 60cm
定植當天早上，將黑軟盆放入裝滿水的水桶中，浸泡於水中直到沒有空氣為止。之後從水桶中拿出來，放置於陰影處 2 ～ 3 小時，使其充分吸水後定植
畦寬 90cm
畦高 10cm

定植時期

一般地區　4 月下旬～ 5 月中旬
寒冷地區　5 月中旬～ 6 月上旬
溫暖地區　4 月中旬～ 5 月上旬

田間準備

定植 3 週前以上，在田間施以成熟堆肥、油粕和米糠等有機質肥料，並確實進行深耕。

密技 1

高畦定植

能長期採收肥大的果實

※定植時期／間距、畦寬，以第29頁為準。

茄子的植株高度越高，根系也會越往土壤深處延伸。由於土地需要深耕，如果耕土層較淺時，可以用土堆出20～30㎝高的畦，增加耕土層。在增高的畦中，茄子的根系會往下生長，以便充分吸收水分和養分。此外，植株的生長勢也會變強，使果實肥大。

田間於定植3週前以上，進行20㎝以上的深耕，並且混入成熟堆肥和有機肥料。接著堆起高20～30㎝的畦。苗株的準備及定植方法和一般栽培相同。

於高畦栽培的茄子由於生長勢較強，會從採收的節長出側芽。側芽會繼續生長開花結果，所以可架設V字形的支架。首先使2根側枝生長，接著架設V字形支架誘引至道路側。隨著主枝的生長，便能開始採收果實。當主枝生長至支架前端的高度時，就可以將主枝進行摘心。這時候一開始採收的最下側節位，便會開始長出側芽並結果。將側芽長出的果實採收後，即可摘除側芽並留下1片葉子，使側芽的側芽繼續生長。整棵植株以相同方式管理，重複採收、摘心，以及使側芽生長。

由於高畦的排水良好，因此容易呈現乾燥狀態。水分和肥料都很容易流失，所以一旦開始採收後，在清早和中午就必須進行澆水。此外，每10天施以1次有機肥作為追肥。

如何種植？

高畦栽培　　一般栽培

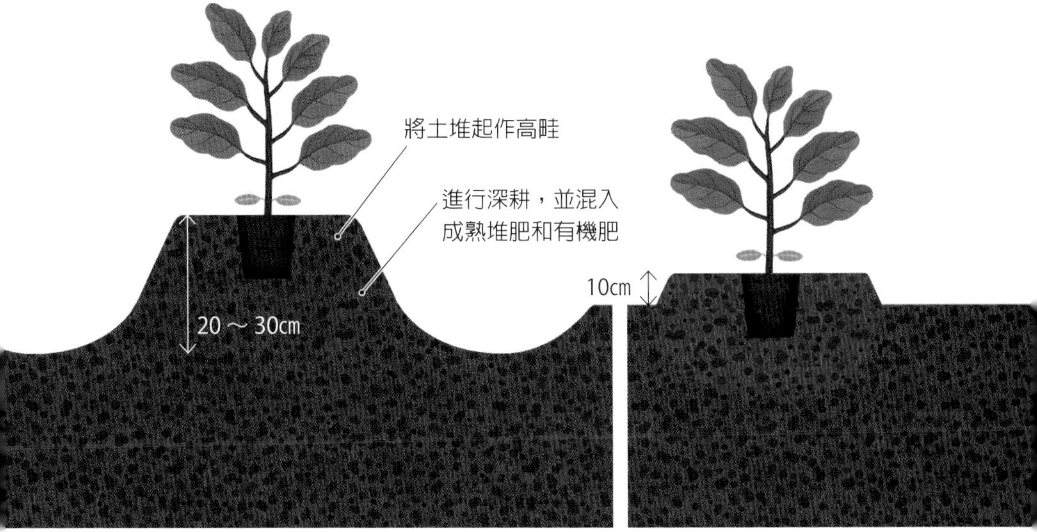
將土堆起作高畦
進行深耕，並混入
成熟堆肥和有機肥
20～30cm
10cm

會變成這樣！

高畦栽培　　普通栽培

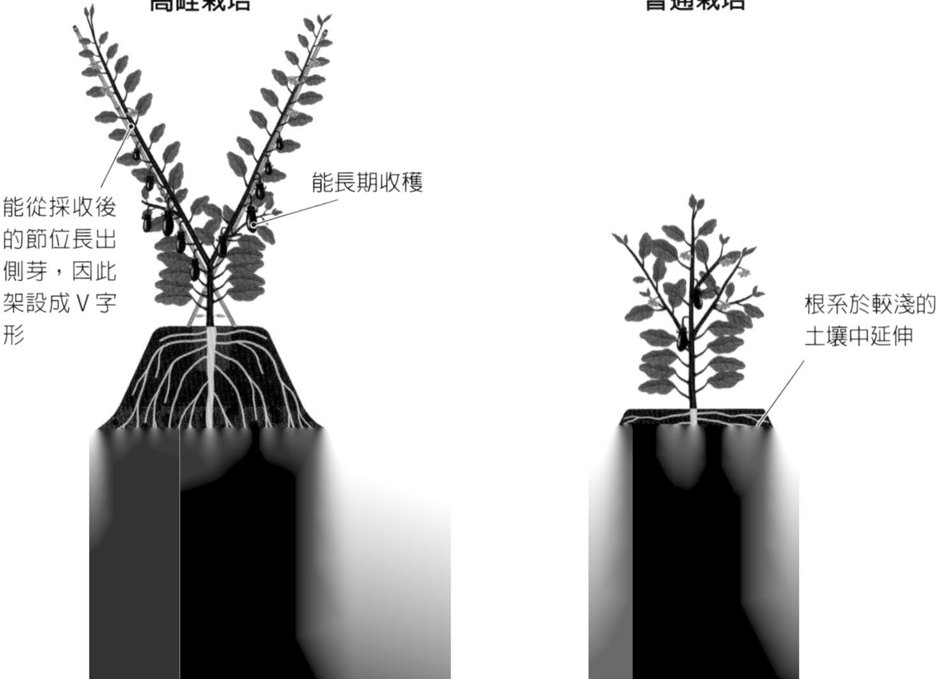
能從採收後
的節位長出
側芽，因此
架設成V字
形
能長期收穫
根系於較淺的
土壤中延伸

密技2

底層鋪落葉定植

能長期採收，同時也能改善土壤

※定植時期／間距、畦寬、畦高，以第29頁為準。

高畦定植（30頁）是將土堆高增加耕土層的方式，而在土壤下層埋入乾燥的蘆葦或落葉等製作出落葉層，也是一種增加地下部耕土層的方式。

製作落葉層時，需要在定植前1個月以上進行。

首先在欲作畦的位置，挖出深50～70cm的植穴。接著於植穴底部鋪上厚度10cm的乾燥芒草或蘆葦，再於上方鋪上厚30～40cm的乾燥落葉，接著用腳踩踏夯實。最後再將土回填作畦。如果將潮濕狀態的落葉或芒草，以及堆肥等放入植穴中，會因為缺乏氧氣而無法分解，造成厭氧發酵，為茄子帶來不良影響。

苗株的準備及定植方法和一般栽培相同。茄子的根系生長至落葉或芒草層時，落葉及芒草能透過根系得到氧氣，進行分解。接著微生物會繁殖，急速消耗氮氣。因此茄子會暫時呈現出缺乏肥料的狀態，不過會逐漸恢復生長勢，增加活力度。此方法能維持極佳的生長勢，維持長期收成量穩定，也不需要施以追肥。

由於蘆葦及落葉等會慢慢分解，因此在3～5年之內都可以持續以無肥料的狀態栽培。此外，分解後土壤能維持保水性和透氣性，因此能改良成適合栽培蔬菜的土壤環境。

如何種植？

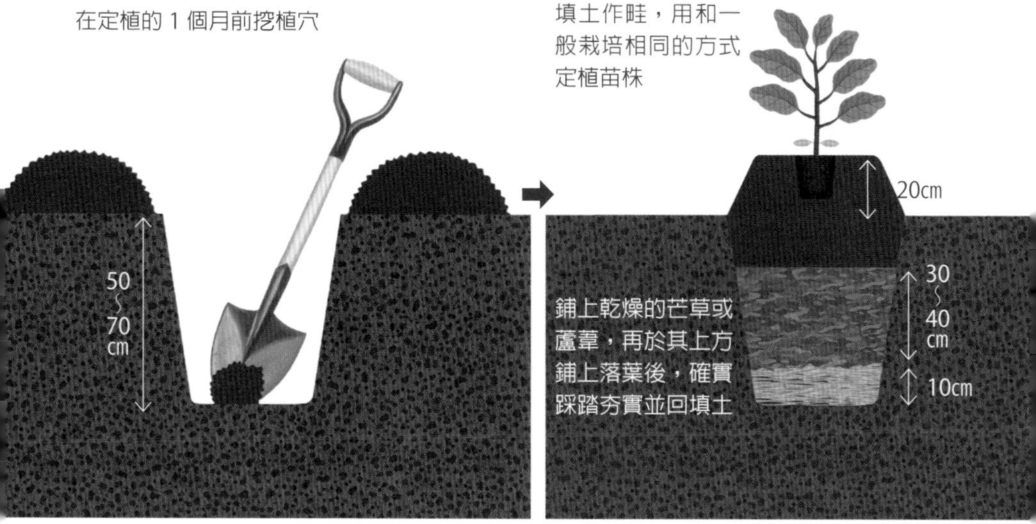
在定植的 1 個月前挖植穴
50～70cm
填土作畦，用和一般栽培相同的方式定植苗株
20cm
鋪上乾燥的芒草或蘆葦，再於其上方鋪上落葉後，確實踩踏夯實並回填土
30～40cm
10cm

會變成這樣！

維持極佳的生長勢，長期維持穩定的收成量
雖然會暫時呈現肥料短缺的狀態，不過會逐漸恢復活力，生長旺盛
下次栽培時於稍微偏離的位置繼續製作落葉層，就能將田間整體改良成適合栽培蔬菜的土壤環境
氧氣能透過茄子的根系傳送至落葉及芒草，幫助分解有機物

小黃瓜

●分類　葫蘆科
●原產地　印度

鋪上稻草防止過於乾燥及潮濕

小黃瓜喜好介於18～28℃的溫暖氣候，當氣溫低於12℃便會停止生長。品系大致上可區分為華北系和華南系兩種。華北系的特徵為綠色，顏色鮮豔而瘤刺為白色；華南系的皮則偏黃色，瘤刺為黑色。最近是以華北系的品種為主流。

從播種開始栽培時，於定植苗株前30天，在黑軟盆中各播3顆種子。長出1片本葉後，留下1株子葉沒有遭到病蟲害的健康幼苗。若幼苗遇到結霜便會停止生長，等到不再下霜（晚霜），並長出3～4片本葉後，便可以間距60㎝進行定植。也可以直接使用市售的苗株。

小黃瓜的根系分布較淺，因此定植後若恢復生長，為了能維持較佳的生長勢，會在植株的基部周圍鋪上稻草。以能夠稍微看見地面的程度鋪放十分重要，如果鋪放得太厚，會使小黃瓜的根系生長至土壤和稻草之間。稻草和土壤之間很容易受到外界的影響，而呈現過度乾燥或潮濕的狀況。此外，稻草如果太厚，就會像具有防水機能的茅草屋頂一樣，無法使水分通透而排開。

藤蔓開始伸長後，便可架設支架和網子進行誘引。隨著藤蔓的生長，果實也會逐漸長大，此時就可以開始採收。當藤蔓伸長至網子的頂端後，便可進行摘心。接著會長出側芽，任其生長後就能從側枝採收果實。

基本的定植方法

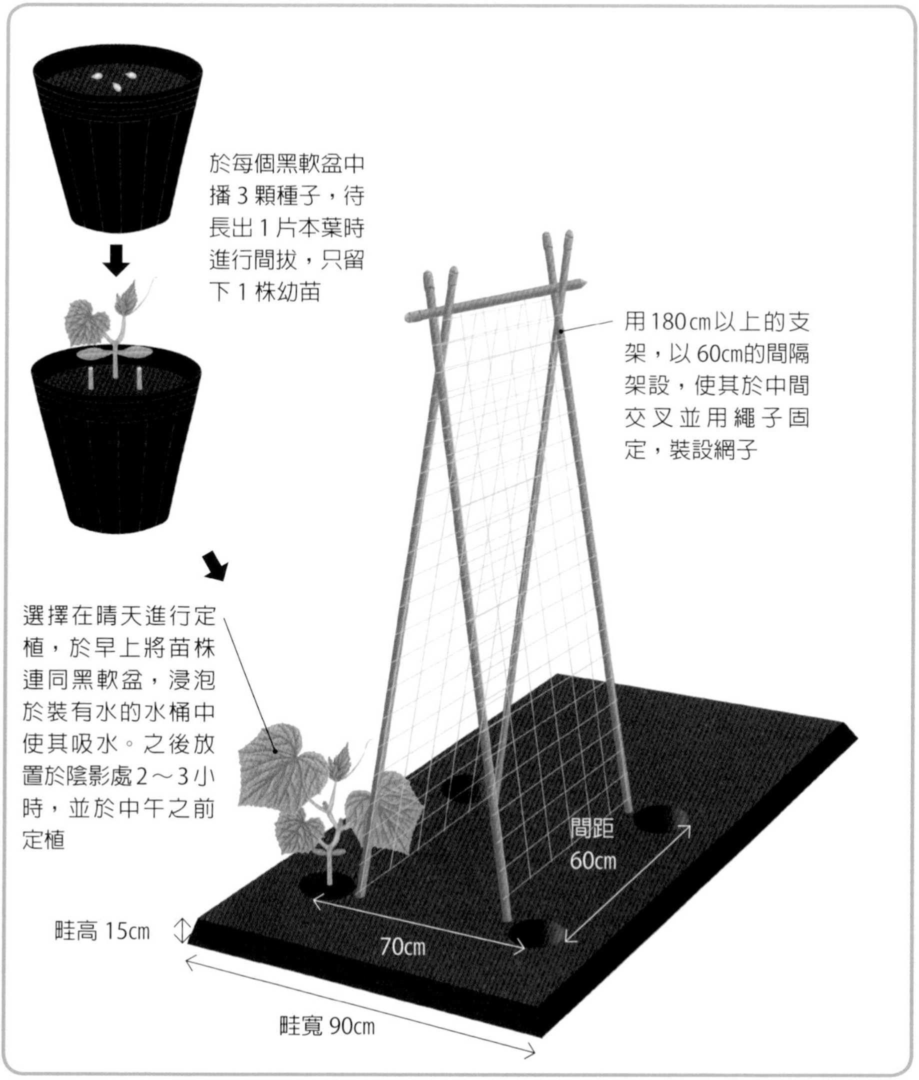
於每個黑軟盆中播3顆種子，待長出1片本葉時進行間拔，只留下1株幼苗
用180cm以上的支架，以60cm的間隔架設，使其於中間交叉並用繩子固定，裝設網子
選擇在晴天進行定植，於早上將苗株連同黑軟盆，浸泡於裝有水的水桶中使其吸水。之後放置於陰影處2～3小時，並於中午之前定植
間距60cm
畦高15cm
70cm
畦寬90cm

定植時期

一般地區　5月上旬～5月下旬
寒冷地區　6月上旬～6月下旬
溫暖地區　4月下旬～5月上旬

田間準備

定植4週前以上，施以成熟堆肥及發酵的有機肥（伯卡西肥），並確實耕耙土壤。

密技1

草叢定植

近似自然生態，栽培出強健的植株

小黃瓜為蔓性植物，因此具有如果植栽周圍生長著能夠讓藤蔓攀爬的草，就會讓發芽延遲的特性。

對於小黃瓜而言，周圍的草擔任著「搖籃」的作用。因此在周圍生長著草的田間定植小黃瓜，並使其攀爬於地面生長，就能讓小黃瓜在接近自然生態的狀態中健全生長。

栽培於草堆中時，為了避免生長初期輸給草堆，因此使用和一般栽培相同的方式定植。如果直接在田間播種，會因為無法和草堆競爭而生長不良。

在種植苗株的田間，讓雜草任意生長。於定植的3週前，以定植苗株的位置為中心，將直徑30㎝範圍內的雜草割短。接著再於直徑15㎝的中心處，加入成熟堆肥並加以耕耙土壤。

苗株會纏繞著周圍的草堆攀爬生長。

雖然攀爬於地面是較接近自然生態的狀態，但是也有可能會因為果實隱藏在雜草中，而錯過收成的時機。

另外，在生長期間也有可能會出現營養不足的問題，因此要進行追肥補充養份。定植苗株後，以每2週為間隔，在植株基部周圍割短雜草的位置，施以伯卡西肥料等並混合於土壤中。

※定植時期以第35頁為準。

如何種植？

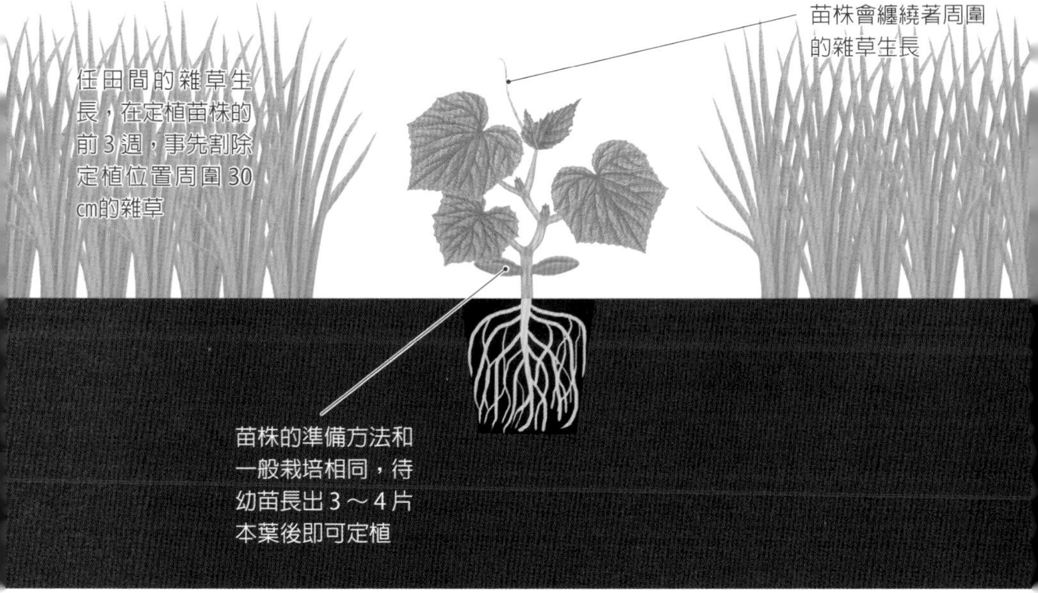
苗株會纏繞著周圍的雜草生長
任田間的雜草生長，在定植苗株的前3週，事先割除定植位置周圍30cm的雜草
苗株的準備方法和一般栽培相同，待幼苗長出3～4片本葉後即可定植

會變成這樣！

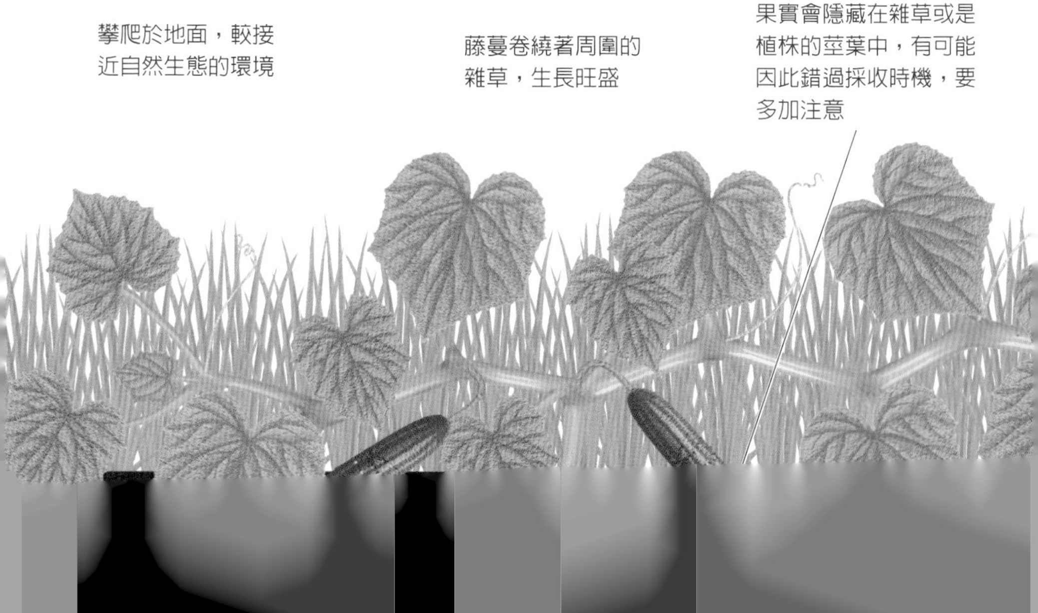
攀爬於地面，較接近自然生態的環境
藤蔓卷繞著周圍的雜草，生長旺盛
果實會隱藏在雜草或是植株的莖葉中，有可能因此錯過採收時機，要多加注意

密技 2

田間直接播種

選擇適合田間環境的植株，增強生長勢

雖然小黃瓜以定植苗株為常態，不過其實直接在田間播種的植株，能呈現出較佳的生長勢。一般而言，幼苗是在溫室等和田間完全不同的環境下成長。而直接播種則是能夠挑選並留下適應田間環境的植株。因此和幼苗定植相比，植株的生長勢較強。

田間直播比幼苗定植更容易受到土壤及氣溫的影響，所以整土非常重要。在播種的4週前，於田間施以成熟堆肥和有機肥，並且確實拌土，不過同時也會有引來害蟲的可能性，因此從播種位置至直徑20～30㎝的範圍內不需要施肥。

播種時，定植時期和一般栽培相同，於支架旁以間隔60㎝，在同一植穴中播3顆種子。播種於植穴中的種子應稍微分散距離，以避免發芽後子葉互相重疊。

當種子發芽並長出本葉後進行間拔，疏苗至1株幼苗。接著拔除周圍的雜草，於植株基部鋪上稻稈。待藤蔓生長後，便會自然地攀爬在網子上，如果藤蔓無法順利攀爬時，可在一開始用繩子誘引固定。

生長勢較強時，肥料的吸收能力也會相對提升，因此以每2～3週為間隔，將發酵的伯卡西肥分3次進行追肥。如果採收時期太慢，營養會輸送至果實內的種子，而無法使其他果實肥大，因此要趁早採收以維持生長勢。

※間距、行距、畦高、畦寬，以第35頁為準。

如何種植？

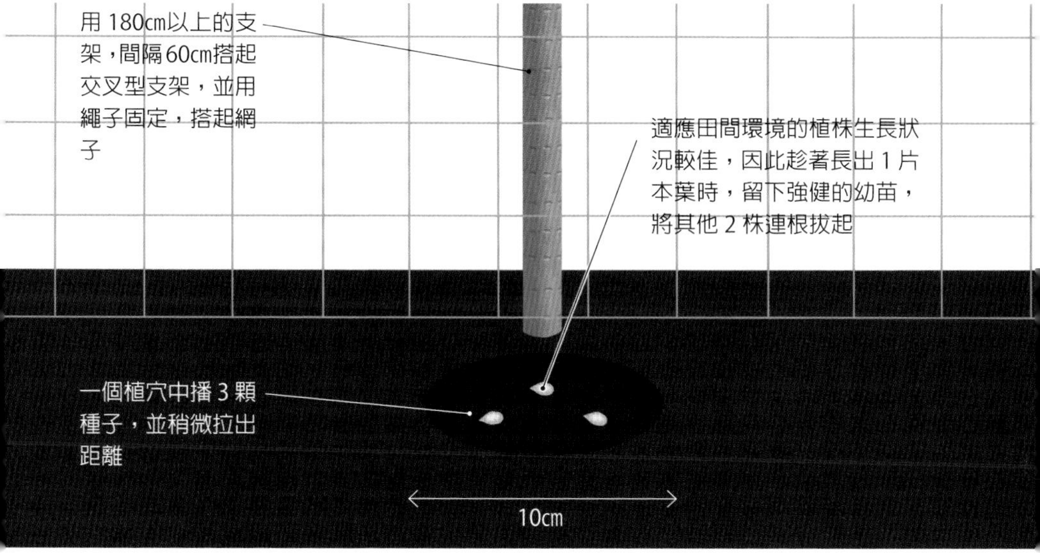
用 180cm以上的支架，間隔 60cm搭起交叉型支架，並用繩子固定，搭起網子
適應田間環境的植株生長狀況較佳，因此趁著長出 1 片本葉時，留下強健的幼苗，將其他 2 株連根拔起
一個植穴中播 3 顆種子，並稍微拉出距離
10cm

會變成這樣！

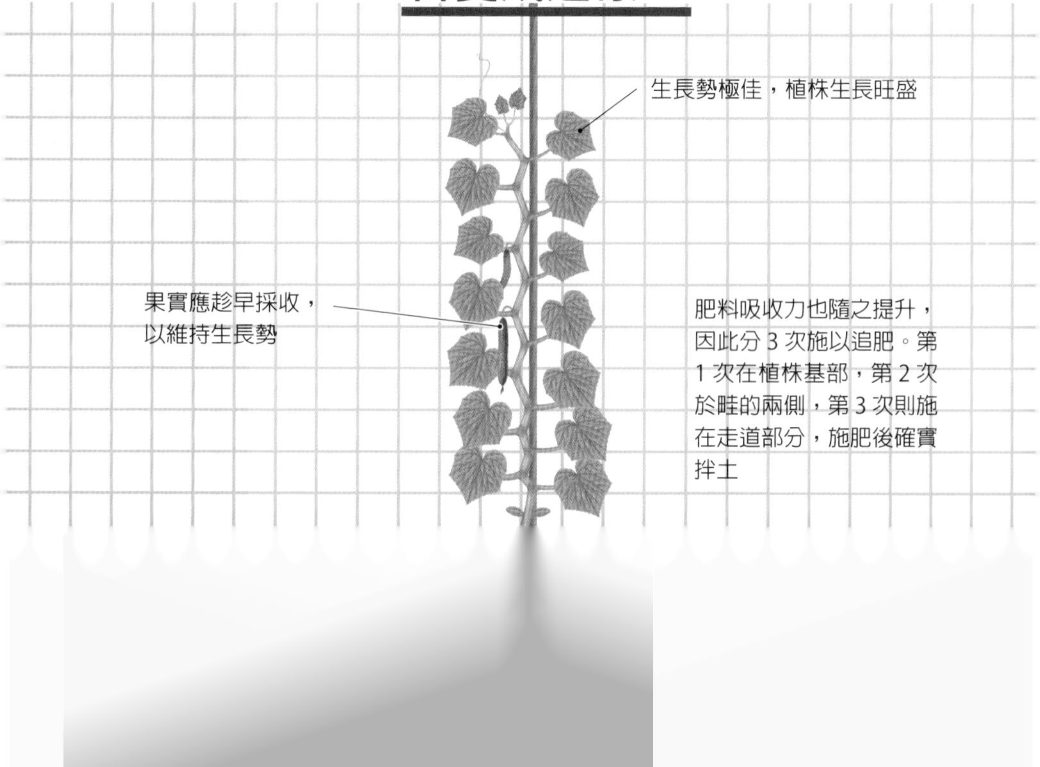
生長勢極佳，植株生長旺盛
果實應趁早採收，以維持生長勢
肥料吸收力也隨之提升，因此分 3 次施以追肥。第 1 次在植株基部，第 2 次於畦的兩側，第 3 次則施在走道部分，施肥後確實拌土

密技 3

原有植株旁連續播種

長期採收水分豐富的果實

小黃瓜在植株仍年輕、從主枝採收果實的時期，生長勢強且不容易發生病蟲害。此時期採收的果實不但筆直而且品質極佳。不過由於小黃瓜的植株老化速度快，若進入從側枝採收的時期，生長勢便會減弱，而且容易發生病蟲害。

因此在最初植株生長旺盛的期間內，於植株基部播種下一棵植株，在途中便能更換成新的年輕植株。如此一來，就能夠長期持續採收高品質的小黃瓜。

於原有植株旁連續播種的方法，適用於會在主枝各節上結果的品種。苗株的準備及定植方式和一般栽培相同。待植株高度生長至網子的中段後，便可於植株基部旁播下3顆種子。接著等種子發芽長出本葉後，疏苗至1株幼苗。

老化的植株在主枝的採收結束後，不需要繼續從側枝採收，直接從基部切除。但是根系不需要拔起，可直接留在土壤中。接著於畦的兩側和走道部分，施以發酵的伯卡西肥。

新植株的根系，會沿著老植株的根系生長。因此根系能夠延伸得較深且寬廣。植株的生長勢強，也幾乎不會發生病蟲害，所以不需要農藥就能栽培出健康的植株。

※最初苗株的定植時期／田間準備／間距、行距、畦高、畦寬，以第35頁為準。

如何種植?

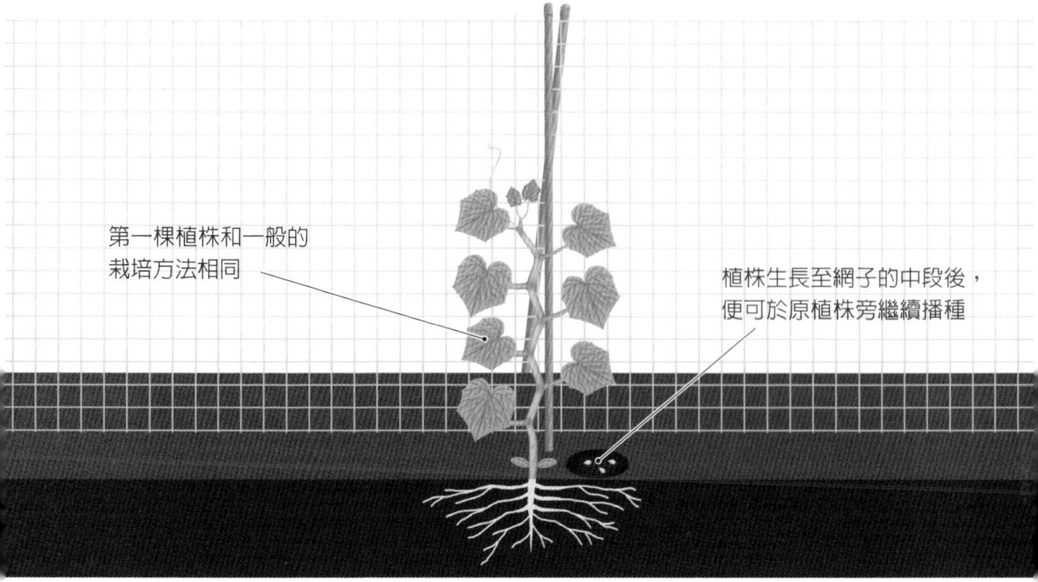
第一棵植株和一般的
栽培方法相同
植株生長至網子的中段後，
便可於原植株旁繼續播種

會變成這樣！

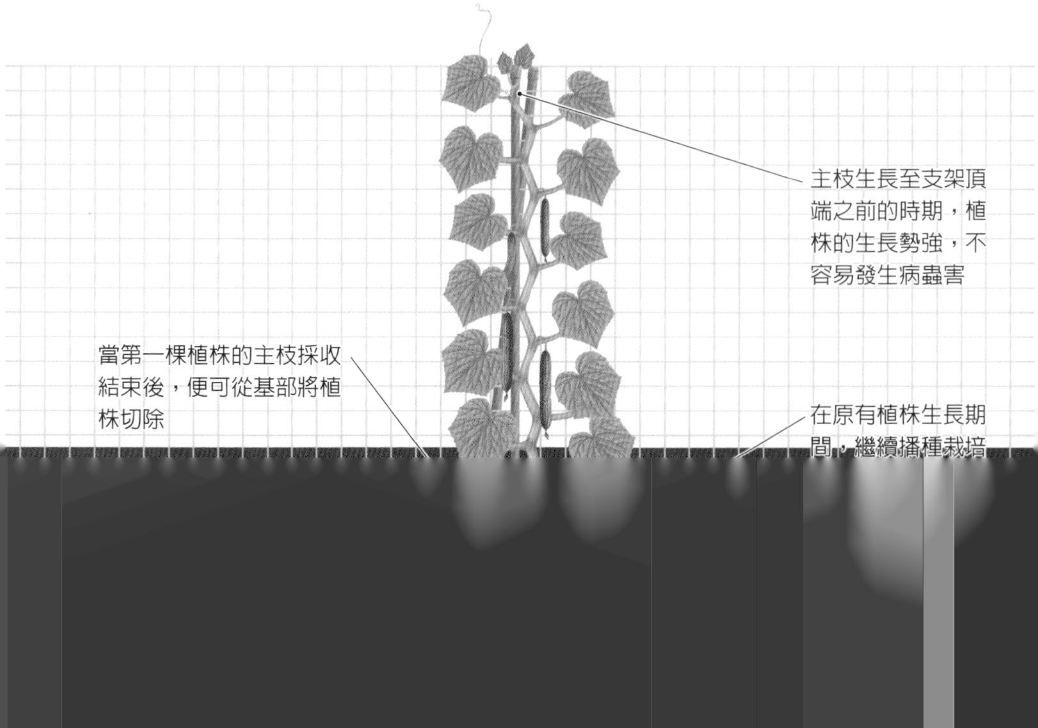
主枝生長至支架頂
端之前的時期，植
株的生長勢強，不
容易發生病蟲害
當第一棵植株的主枝採收
結束後，便可從基部將植
株切除
在原有植株生長期
間，繼續播種栽培

西瓜

●分類　葫蘆科
●原產地　南非

進行摘果以避免結果數量過多

西瓜喜好介於23～28℃的高溫乾燥氣候。有別於其他葫蘆科作物，根系會生長至較深的土壤中以耐乾燥。

從播種開始栽培時，可於定植前45天播種於育苗箱中，並保持在23℃以上。當幼苗長出1．5片本葉後，便可移植到黑軟盆中，生長至本葉4～5片後即可定植。也可以直接用市售的苗株來定植。使苗株充分吸水後，於晴天的中午之前進行定植。

當母蔓生長至5～6節後進行摘心，使子蔓生長出3條枝蔓。待子蔓伸長至50㎝左右時，將枝蔓的前端調整至同一個方向。

開花後於早晨摘採雄花，將花粉沾在雌花的柱頭進行人工授粉。為調整採收時期，在3條子蔓上盡量於相同位置，為每條子蔓進行2處授粉。並將著果後所開的雌花皆摘除。果實逐漸長大後，於距離植株基部90㎝的範圍內施以伯卡西肥進行追肥。待果實成長至壘球大小後，如果栽培的是大型西瓜品種時，於每條子蔓留下形狀較佳的果實，其餘進行摘果（中型或小型可以2顆都留下）。

當著果節位生長出10～15片葉後，便可對子蔓進行摘心。留下比著果節位更靠近植株基部的側芽，將著果節位前端的所有側芽摘除。授粉50～55天之後，若輕彈外皮發出具有彈性的聲音，而且糖度也充足的話，便可一起採收。

基本的定植方法

長出 1.5 片本葉後即可移植至黑軟盆
於育苗箱中以 2cm間距進行播種，並保持在 23°C以上
當本葉生長至 4～5 片後即可定植。選擇在晴天進行，於早上將苗株連同黑軟盆，浸泡於裝有水的水桶中使其吸水。之後放置於陰影處 2～3 小時，並於中午之前定植。定植後不需澆水，讓根系能延伸至土壤深處
間距 90cm
選擇排水良好的砂地或砂質土壤。植株存活後，即可於地面鋪上一層薄薄的稻草
畦寬 180cm
畦高 10cm

定植時期

一般地區　4 月下旬～5 月中旬
寒冷地區　5 月中旬～6 月上旬
溫暖地區　4 月中旬～5 月上旬

田間準備

定植 3 週前以上，施以成熟堆肥、油粕及米糠等有機肥，並且盡量深耕土壤。如果田間的排水不良，可於周圍挖深約 30cm的排水溝。

密技 1

圓形高畦

增強生長勢，提升果實甜度

由於西瓜原產地位於沙漠周圍，因此西瓜喜好排水良好的土壤，而且具有根系會延伸至土壤深處的特性。因此西瓜的產地多位於海岸地帶的砂地。

不過在家庭菜園中，有時候會出現排水不良的情形。因此可以作出圓形高畦（馬鞍型高畦），以改善排水狀況，使根系能生長至較深的位置。

作圓形高畦時，首先往下挖掘20～30㎝的土壤，並且放入乾燥的成熟堆肥及乾燥的落葉，並踩踏表面夯實。接著將土回填，再繼續堆土作出直徑50㎝×高20㎝的圓形高畦。在枝蔓預定生長範圍內，施以成熟堆肥並且進行深耕，最後鋪上一層稻草。

※定植時期／間距，以第43頁為準。

苗株的準備和定植方法與一般栽培相同。不過由於圓形高畦部分較容易乾燥，因此可鋪設黑色塑膠布覆蓋，避免苗株過於寒冷及乾燥。此外，西瓜的根系怕潮濕，如果擔心排水問題，可於田間周圍或是容易積水的位置，挖掘深30㎝的排水溝。

定植於圓形高畦的西瓜，其根系會往地下直線延伸。當根系到達有機物的土壤層後，便會開始橫向伸展。隨著根系的伸長，枝蔓也會開始生長。這時候就會像栽培於砂地等合適土壤的植株般，生長勢變強，因此便能採收甜度高而且水分飽滿的西瓜。

如何種植?

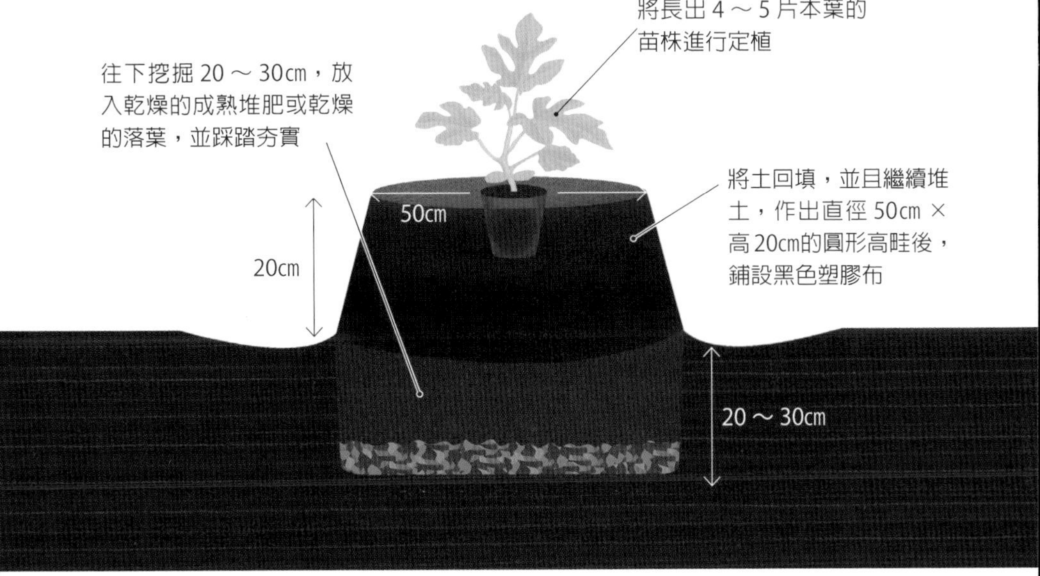
將長出 4 ～ 5 片本葉的
苗株進行定植
往下挖掘 20 ～ 30cm，放
入乾燥的成熟堆肥或乾燥
的落葉，並踩踏夯實
將土回填，並且繼續堆
土，作出直徑 50cm ×
高 20cm的圓形高畦後，
鋪設黑色塑膠布
50cm
20cm
20 ～ 30cm

會變成這樣！

隨著根系的伸長，枝蔓
同樣也會橫向生長
生長勢變強，因此能採
收糖度高而且充滿水分
的西瓜
西瓜的根系會直線往地下
延伸。到達有機層後，便
會開始橫向生長

密技❷

提升養分和水分的吸收力，提高品質

和馬齒莧混植

※定植時期／田間準備／間距、畦高、畦寬，以第43頁為準。

馬齒莧和西瓜為共生關係，因此是西瓜田中常見的雜草。

馬齒莧的莖葉能攀爬於地面生長，根系也會伸長至土壤中較深的位置。西瓜的根系若遠離植株基部，氧氣的供給就會變得較困難，養分和水分的吸收狀況也會變差。另一方面，由於馬齒莧的根部能伸長至較深的位置，所以能將氧氣運送至土壤深處。此外，也會吸收土壤深處的水分，並且將吸收的養分及水分的一部份，再由根系排出。因此馬齒莧除了能供給西瓜根系氧氣之外，也有助於養分和水分的吸收。

苗株的準備及定植方式和一般栽培相同。如果田間原本就有生長馬齒莧時，可保留植株不需要拔除。不過，太潮濕的田間不利於馬齒莧的生長，這時候可以從其他的田間採取馬齒莧的種子，並且進行播種即可。若有其他種類的雜草，株高較低的種類也可以留下不需拔除。

在進行連作的西瓜產地，經常可見西瓜和馬齒莧混植的西瓜田。家庭菜園若要進行連作時，也可以像產地西瓜田一樣，使兩者互利共生。不過在輪作之後的隔年，如果想要種植其他作物，馬齒莧有可能反而成為妨礙生長的雜草，因此要多加注意。

如何種植?

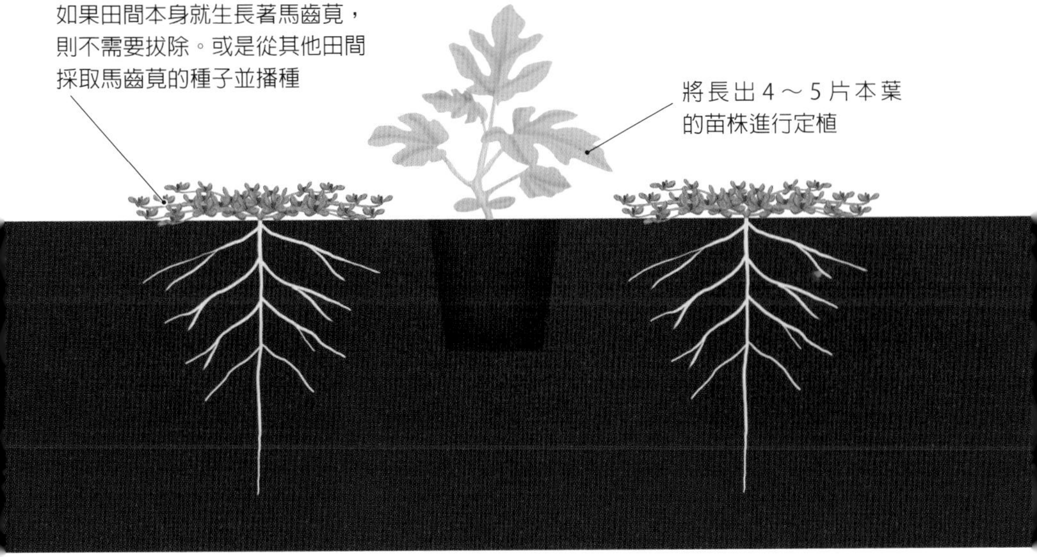
如果田間本身就生長著馬齒莧，
則不需要拔除。或是從其他田間
採取馬齒莧的種子並播種
將長出 4 ～ 5 片本葉
的苗株進行定植

會變成這樣！

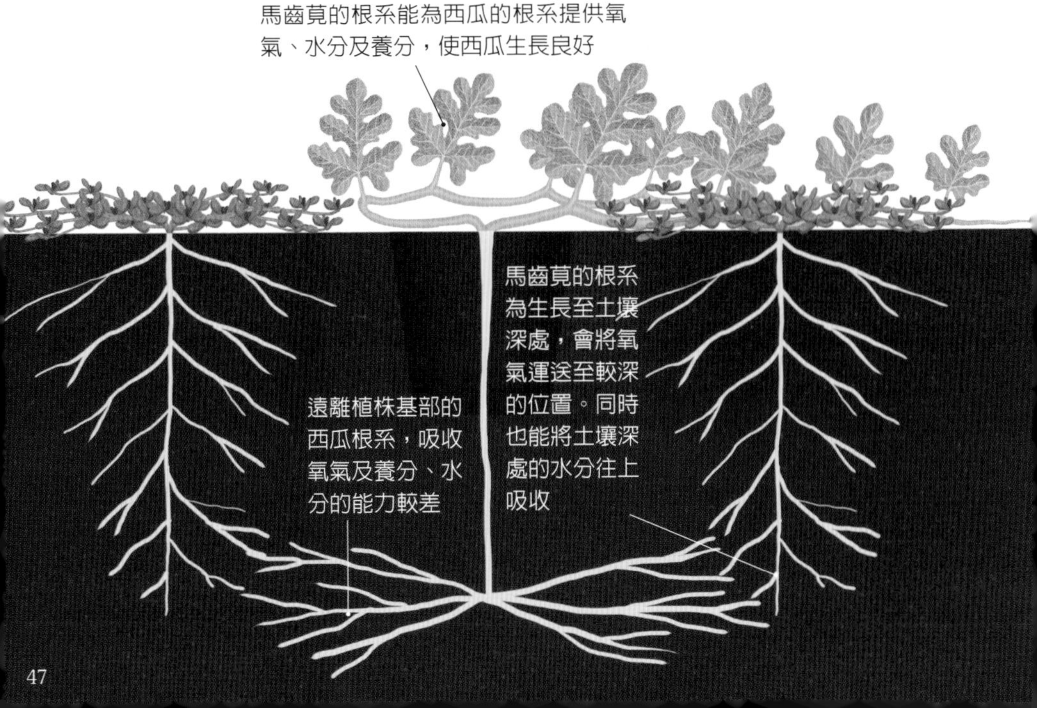
馬齒莧的根系能為西瓜的根系提供氧
氣、水分及養分，使西瓜生長良好
馬齒莧的根系
為生長至土壤
深處，會將氧
氣運送至較深
的位置。同時
也能將土壤深
處的水分往上
吸收
遠離植株基部的
西瓜根系，吸收
氧氣及養分、水
分的能力較差

南瓜

●分類　葫蘆科
●原產地　美洲大陸

避免讓果實直接接觸土壤

南瓜喜好介於18～28℃的溫暖氣候及乾燥。

雖然植株於白天行光合作用製造碳水化合物，到了夜晚會消耗部分，因此並非全都儲存於果實中。因此如果日夜溫差較大，便能減少夜晚能量的消耗，提升果實的甜度。在一般地區，會於初夏及晚秋，而北海道及盆地等則是於盛夏期使果實肥大，就能提高果實的品質。從種子開始栽培時，在定植的40天前於育苗箱播種，當本葉生長至1．5片時移植至黑軟盆中，本葉生長至4～5片時即可進行定植。也可以直接用市售的苗株定植。

定植後待植株存活，陸續長出2～3片本葉後，就可留下5～6片本葉並進行摘心。從節位長出子蔓，並伸長至50㎝以上時，便可將3～4條子蔓擺置同一個方向使其生長。在同一時期，於植株基部施以伯卡西肥進行追肥。

開花後需進行人工授粉。於早晨摘採剛開的雄花，將花粉沾在位於子蔓5～8節的2朵雌花柱頭上。人工授粉後，於子蔓的第15節位進行摘心。將開在果實前端的雌花全都摘除。當果實生長至直徑5㎝後，於植株周圍90㎝的範圍內施以伯卡西肥。從著果節位往前端數，若長出15片葉以上即可留下2顆，如果僅長出10片葉左右，則進行摘果留下1顆即可。將果實下方墊著稻草或托盤，於授粉約50天後，若指甲不會陷入南瓜皮時即可採收。

基本的定植方法

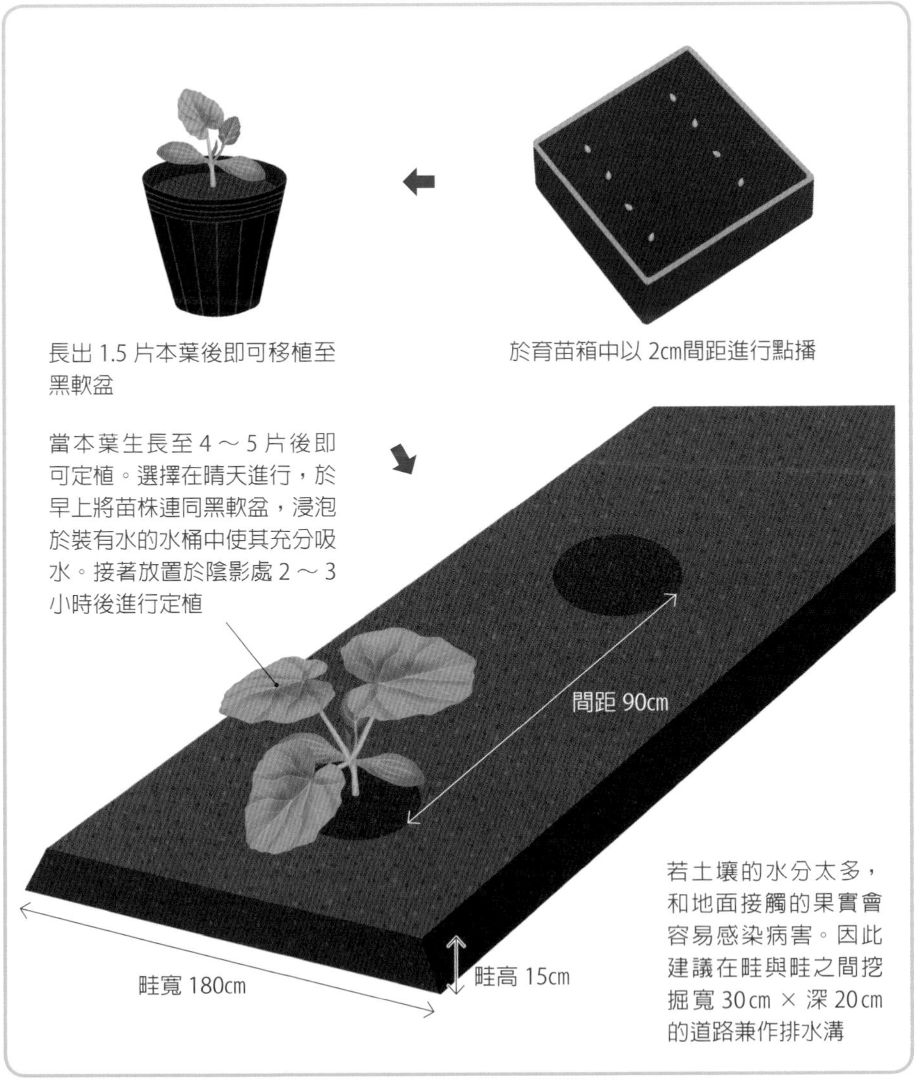
長出 1.5 片本葉後即可移植至黑軟盆
於育苗箱中以 2㎝間距進行點播
當本葉生長至 4 ～ 5 片後即可定植。選擇在晴天進行，於早上將苗株連同黑軟盆，浸泡於裝有水的水桶中使其充分吸水。接著放置於陰影處 2 ～ 3 小時後進行定植
間距 90㎝
若土壤的水分太多，和地面接觸的果實會容易感染病害。因此建議在畦與畦之間挖掘寬 30㎝ × 深 20㎝ 的道路兼作排水溝
畦寬 180㎝
畦高 15㎝

定植時期

一般地區　5 月中旬～ 5 月下旬
寒冷地區　6 月中旬～ 6 月下旬
溫暖地區　4 月中旬～ 4 月下旬

田間準備

定植 3 週前以上，施以成熟堆肥、油粕及米糠等有機肥，並且確實耕耙土壤。

密技1

草叢定植

生長旺盛，也能抑制白粉病

※定植時期／間距、畦高、畦寬，以第49頁為準。

南瓜的枝蔓若隨著風擺動，就會使生長狀況變差。因此會從節位長出細鬚以固定枝蔓，並且生長出不定根。不定根有助於吸收水分和養分，促進植株生長。另一方面，如果沒有能夠捲曲纏繞的物體或植物，不定根就無法往土壤下方生長。因此若和雜草等其他植物一起種植，便能增加不定根，使植株生長良好。所謂「河岸南瓜」是指無人照顧的南瓜反而長得好，就是這個道理。

草叢栽培南瓜，可分為利用自然生長在田間的雜草，以及在田間撒下麥類種子兩種方式。採用後者時，應於定植南瓜幼苗前2週左右，在田間事先撒下秋播型的小麥或大麥。確定麥類發芽後，將植穴周圍20㎝左右的雜草拔除，用與一般栽培相同的方式準備苗株，於晴天的中午前進行定植。

另外，草叢栽培也幾乎不會出現南瓜最常見的白粉病。一種叫做白粉寄生菌※（重寄生菌）的寄生菌類，會寄生在出現於雜草上的白粉病菌上，這種菌類同時也會寄生在南瓜的白粉病菌上。此外，寄生於麥類上的白粉病菌，和寄生在南瓜上的白粉病菌種類相異，所以不會互相傳染。

※白粉寄生菌：又稱重寄生菌，學名為 Ampelomyces quisqualis。

如何種植？

南瓜會捲繞著周圍的植物生長，固定枝蔓，並長出不定根
定植南瓜 2 週前，於周圍撒下麥類種子
在植穴周圍 20㎝的範圍內除草，定植長出 4～5 片本葉的幼苗

會變成這樣！

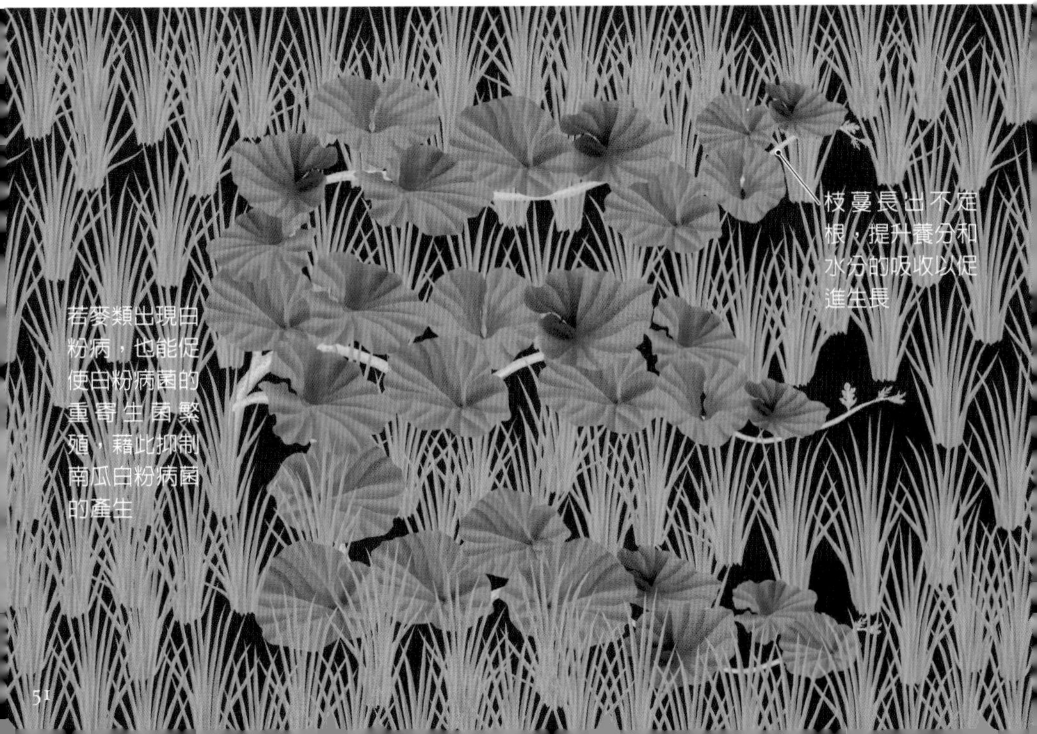
枝蔓長出不定根，提升養分和水分的吸收以促進生長
若麥類出現白粉病，也能促使白粉病菌的重寄生菌繁殖，藉此抑制南瓜白粉病菌的產生

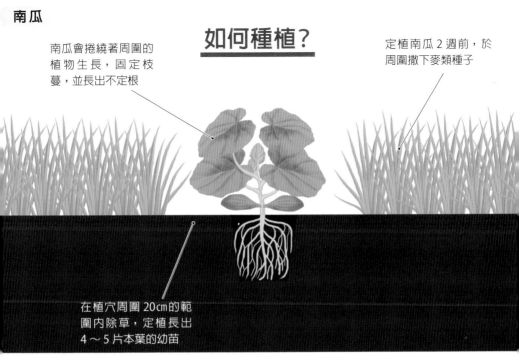

密技2

能採收高品質的冬至南瓜

田間直接播種

南瓜直接在田間播種時，對於田間環境的適應性會比定植幼苗還來得高。根系會以主根為中心寬廣生長，生長勢也較強。

南瓜種子要在23℃以上才會發芽，因此直接播種應在6月中旬之後進行。果實在日夜溫差較大的時期增長，所以能採收肉多的高品質南瓜。是適合於晚秋採收冬至南瓜的栽培方法。

田間於播種3週以前，施以成熟堆肥或有機肥料，並確實耕耙土壤。不過，從播種位置到直徑20～30㎝的範圍內不需施肥。以避免有機物等發酵的氣味誘來種蠅（種蛆）等害蟲。

為促進種子發芽率，可於前一晚浸泡於水中，再以90㎝間距，於直徑10㎝的植穴中播3顆種子。當本葉長至1．5片時，留下1株子葉形狀優良的幼苗，其餘幼苗直接拔除或用刀子從植株基部切除。

若著果位置前端的葉子數量較多時，南瓜就會比較甜。因此為了使子蔓伸長，應儘早進行摘心，不過用幼苗定植的時候，必須要等到植株存活下來之後才能進行。而田間直播則不需要等待，當長出4～5片本葉時就可進行摘心。不過，植株生長勢較強時，相對地較難以轉換成生殖生長。此外，靠近枝蔓前端的位置較容易著果，因此若在10節以上的節位著果時，建議進行摘果，留下1個果實即可。

※間距、畦高、畦寬，以第49頁為準。

如何種植?

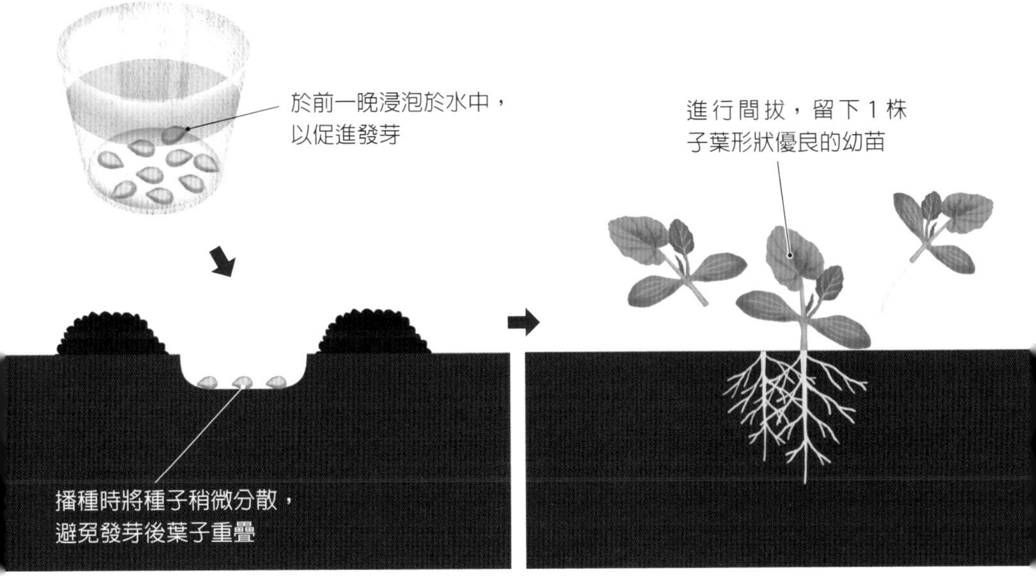
於前一晚浸泡於水中，
以促進發芽
播種時將種子稍微分散，
避免發芽後葉子重疊
進行間拔，留下 1 株
子葉形狀優良的幼苗

會變成這樣！

田間直播

一般栽培

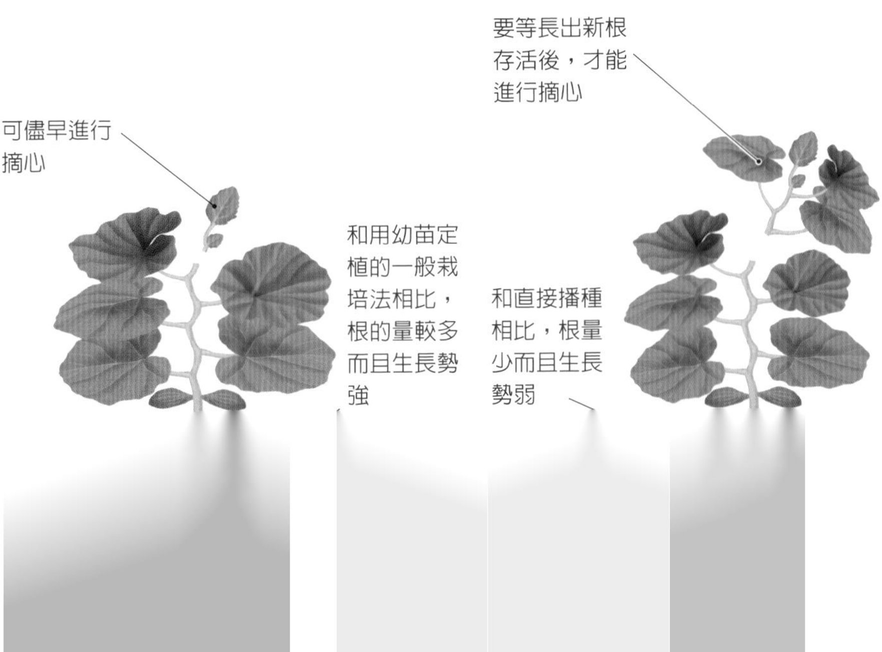
可儘早進行
摘心
和用幼苗定
植的一般栽
培法相比，
根的量較多
而且生長勢
強
要等長出新根
存活後，才能
進行摘心
和直接播種
相比，根量
少而且生長
勢弱

玉米

●分類　禾本科
●原產地　北美

作出南北向的畦

玉米喜好介於18～28℃的溫暖氣候及乾燥。

此外，也具有陽光越強光合作用速度也就越快的特性，因此喜好強烈的陽光。

種子應在定植前40天，於9cm的黑軟盆中播種1顆或3顆。播3顆種子時，當本葉生長至2～3片，可留下沒有受到病蟲害入侵的1株健康幼苗，其餘拔除。於日照良好的位置，作出南北向的畦，待幼苗長出4片本葉後，就可定植於田間。

玉米喜好銨態氮，因此追肥大多使用米糠等有機質肥料。植株基部的節位也會長根，並吸收水分和養分，所以當節位一旦發根後，便可施以追肥，並且將土壤堆至基部覆蓋長出的根。植株基部同時也會長出側芽，不過側芽有助於光合作用，所以不需要摘除。

亞洲玉米螟※的幼蟲會蛀食玉米的莖部和果實，蛀出大洞造成嚴重的損害，也可能因此造成植株倒伏。亞洲玉米螟會受到莖部前端的雄穗吸引而靠近。為了避免引誘害蟲飛來，將每10株雄穗留下1株即可，其餘應摘除。另外，也可以將雄穗全都摘除，從其他的田間採取雄穗，撒在雌穗的玉米鬚（細鬚）上進行授粉。

開花後約20天，當玉米鬚呈現褐色並開始萎縮後，代表進入適合採收的時期。採收後玉米的品質會迅速下降，因此盡量在當天料理享用。

※亞洲玉米螟：學名為*Ostrinia furnacalis*。

基本的定植方法

長出 2 ～ 3 片本葉後間拔至 1 株
在黑軟盆中播種
北
當本葉生長至 4 片後，於晴天的中午前，將黑軟盆充分澆水後進行定植
行距 30cm
間距 30cm
作出南北朝向的畦。如果畦為東西向，北側的植株會擋住南側植株，使生長不良
南
畦寬 90cm
畦高 10cm

定植時期

一般地區	5 月上旬～ 6 月下旬
寒冷地區	6 月上旬～ 6 月下旬
溫暖地區	4 月中旬～ 5 月中旬

田間準備

定植 3 週前以上，施以半成熟狀態的堆肥、油粕及米糠等有機肥，並且確實耕耙土壤。必須作出南北向的畦，才能讓植株充分照到陽光。

密技❶

和四季豆混植

減少害蟲飛來，促進生長狀況

※定植時期／田間準備／間距、行距、畦高、畦寬，以第55頁為準。

玉米和豆科植物之間存在著互利共生的關係，因此傳統農法中也有混植的栽種方式。在巴西是將玉米和虎爪豆※混植。虎爪豆會合成一種稱為左旋多巴胺（胺基酸的一種，也是帕金森氏症的治療藥物）的物質，在混植的田間幾乎不會長雜草。在日本，於九州至東北的山間地，也廣泛應用和四季豆的混植栽培。

四季豆等豆科植物，在玉米植株的背光處也能生長良好。此外，玉米吸收肥料的能力較強，需要大量的氮肥，不過由於豆科植物的根部和根瘤菌共生，因此能將空氣中的氮氣固定至土壤中，使土壤肥沃。另外，四季豆能抑制亞洲玉米螟飛來，減少對於玉米的食害。除此之外，生長在玉米田的雜草，和生長在四季豆田的雜草種類相異，因此還能抑制雜草的生長，減少雜草問題。

整土和作畦方式與一般栽培相同，將苗株定植或直接播種（62頁）並存活後，在植株間於一個植穴中播3顆四季豆種子。發芽並長出本葉後進行間拔，留下生長狀況較佳的2株。四季豆的枝蔓會逐漸攀附在玉米上，任其生長即可。同於一般栽培方式在基部培土，追肥則可稍微減量。

※虎爪豆：又稱刺毛黧豆，學名為Mucuna pruriens。

如何種植？

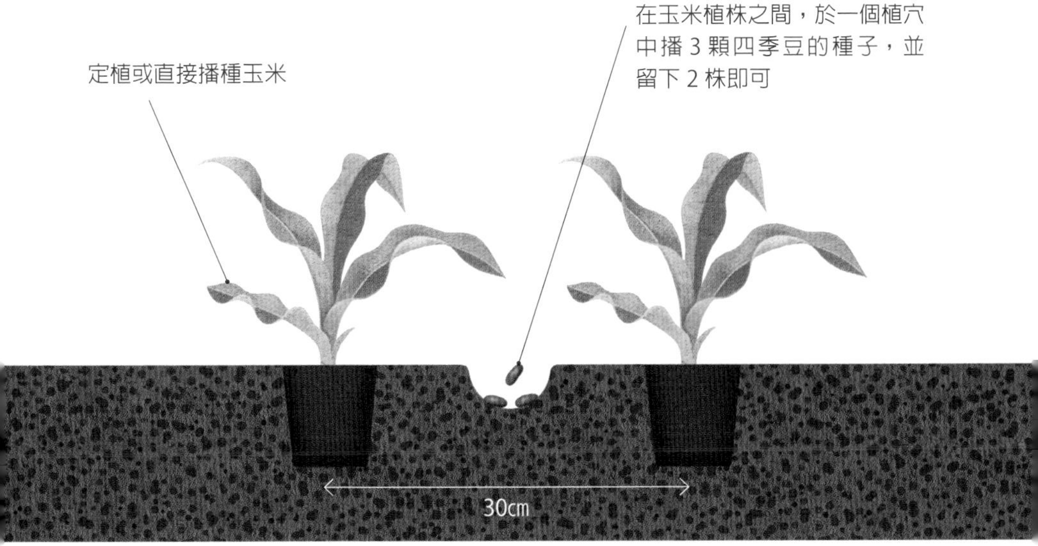
定植或直接播種玉米
在玉米植株之間，於一個植穴中播 3 顆四季豆的種子，並留下 2 株即可
30cm

會變成這樣！

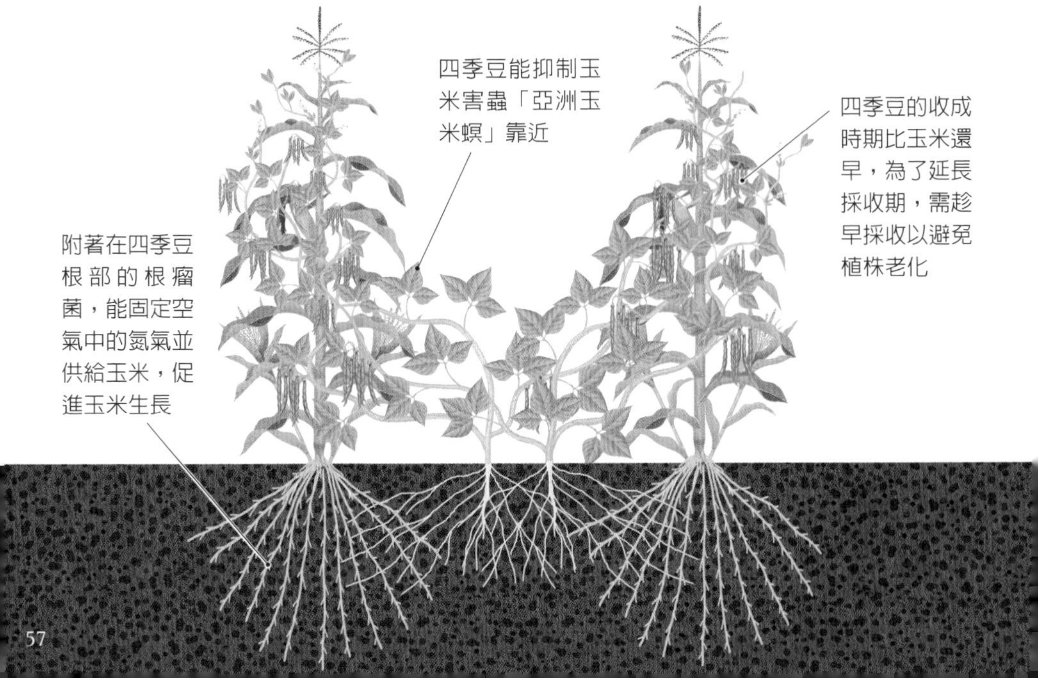
四季豆能抑制玉米害蟲「亞洲玉米螟」靠近
四季豆的收成時期比玉米還早，為了延長採收期，需趁早採收以避免植株老化
附著在四季豆根部的根瘤菌，能固定空氣中的氮氣並供給玉米，促進玉米生長

密技❷

提高糖度，減少蟲害

超延遲播種

玉米是利用太陽能，將水和二氧化碳轉換成碳水化合物。在白天所合成的碳水化合物，並非都輸送至莖葉或果實中，一部份也會在夜晚被玉米植株本身消耗。因此若夜間溫度較高時，能量的消耗量也會相對提升，而無法提高果實的糖度。

所以可延遲播種時期，將植株控制在夜間溫度低較低的10月之後採收，就能讓玉米的糖度提高至20～25度左右。此外，也能錯開玉米最主要的害蟲—亞洲玉米螟的好發期，因此能減少損害。

不過，由於此方法是在低溫期栽培，所以栽培期也會比一般栽培還要長。另外，生長期間剛好會和颱風季重疊，如遇風雨較強的時候，可於畦的兩側設立支架，並於莖部中段綁上繩子固定，避免倒伏。

於定植前30天，在黑軟盆中播3顆種子，當長出2～3片本葉後，留下1株健康的幼苗。接著在一般栽培方式中的玉米收穫期，也就是8月上旬～8月中旬期間，待長出4片本葉後即可進行定植。定植的時候，於黑軟盆澆入充分的水。由於是高溫多濕的時期，土壤微生物的活動力也非常強。堆肥及有機肥會被迅速分解，很快就會出現施肥的效果，所以肥料的量可以比一般栽培還要少，追肥也建議減量。

※間距、行距、畦高、畦寬，以第55頁為準。

如何種植？

於7月上旬～中旬，於每個黑軟盆中播3顆種子，長出2～3片本葉後間拔至1株

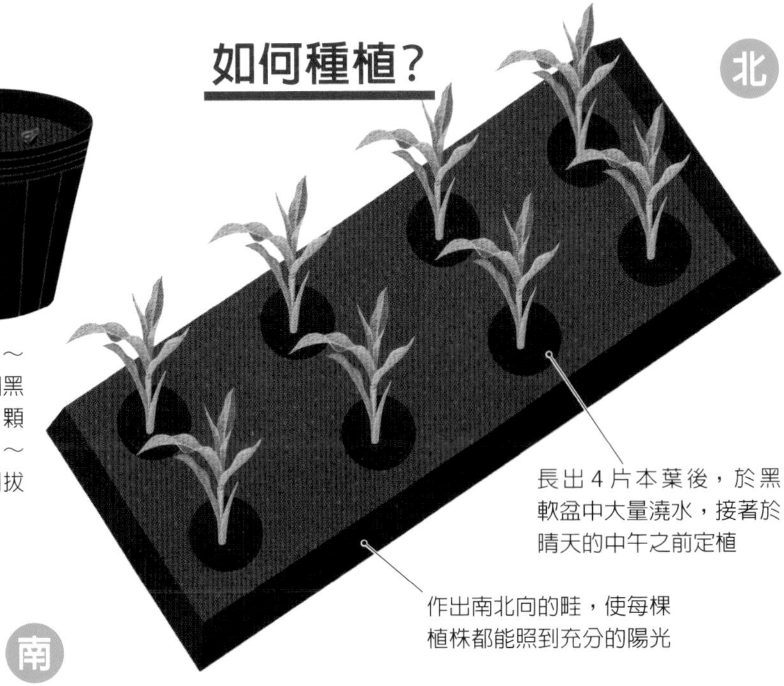

長出4片本葉後，於黑軟盆中大量澆水，接著於晴天的中午之前定植

作出南北向的畦，使每棵植株都能照到充分的陽光

會變成這樣！

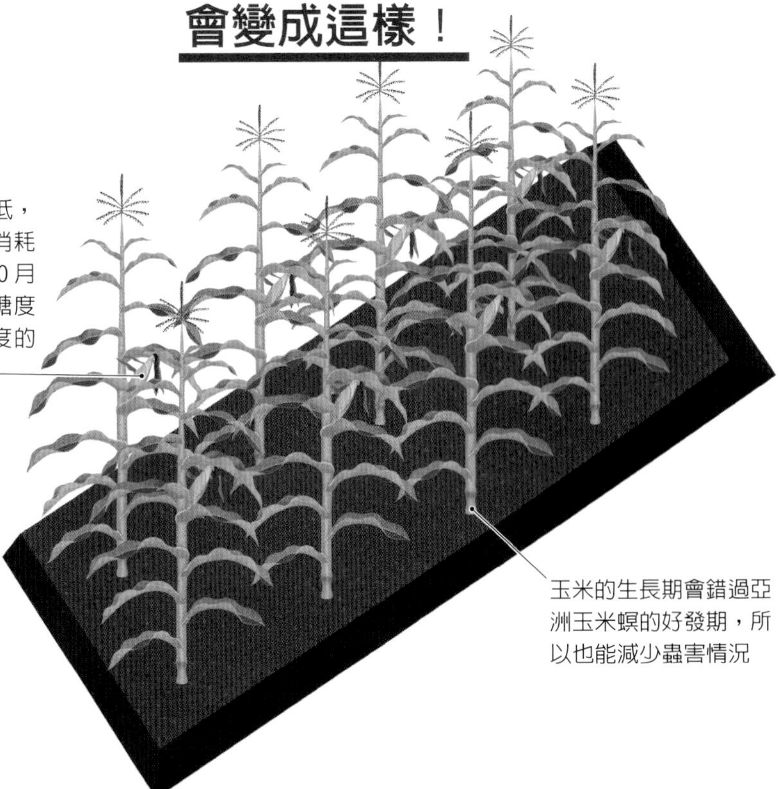

夜間溫度較低，所以能量的消耗也比較少，10月之後能採收糖度達20～25度的鮮甜玉米

玉米的生長期會錯過亞洲玉米螟的好發期，所以也能減少蟲害情況

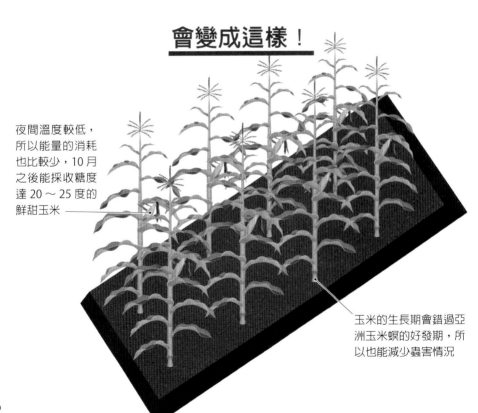

密技3

淋熱水定植

抗病蟲害強，也能提高糖度

植物一旦受到熱（heat）的刺激（shock），就會產生一種叫做熱休克蛋白（heat shock proteins）的蛋白質。目前科學上已證明，這種物質能誘導小黃瓜的耐受性，提升抗病蟲害的能力。玉米也會產生相同的反應，因此在定植之前用熱水澆幼苗，以增加抗病蟲害的能力。

幼苗使用和一般栽培相同的方法，於黑軟盆中育苗，待長出3～4片本葉之後，用50℃的熱水大量注入盆器的土中。澆完熱水後立刻定植於田間。另外，如果土壤溫度較低，會使定植後根系的土壤溫度急速下降時，可將熱水的溫度提高至55～60℃。之後再用和一般栽培相同的方式管理即可。

※定植時期／田間準備／間距、行距、畦高、畦寬，以第55頁為準。

澆過熱水的玉米苗會對熱產生防禦反應，並且合成熱休克蛋白。因此植株本身的抵抗能力變強，就不易遭到病蟲害的入侵。另外，雖然從黑軟盆至田間的栽培環境急劇變化，不過熱休克蛋白有提高適應性的作用，所以能增強生長勢，使植株充分進行光合作用，同時提升果實甜度。

同樣在亞洲玉米螟的蟲害較嚴重的時期，澆過熱水的植株和一般栽培的植株相比，一般栽培的植株蟲害較嚴重，而澆過熱水的植株，幾乎沒有遭到任何蟲害。

如何種植?

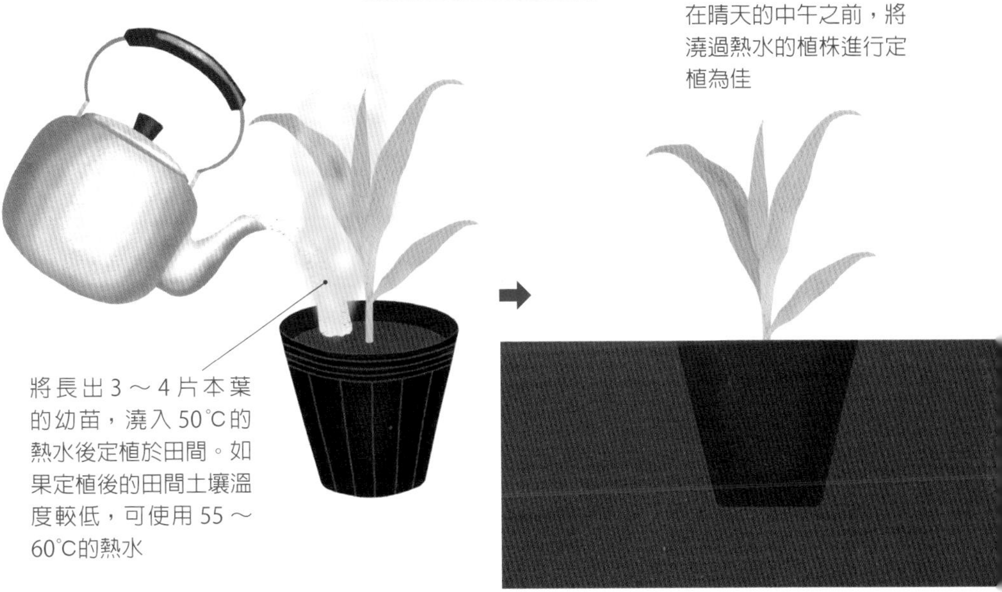
在晴天的中午之前，將澆過熱水的植株進行定植為佳
將長出3～4片本葉的幼苗，澆入50°C的熱水後定植於田間。如果定植後的田間土壤溫度較低，可使用55～60°C的熱水

會變成這樣！

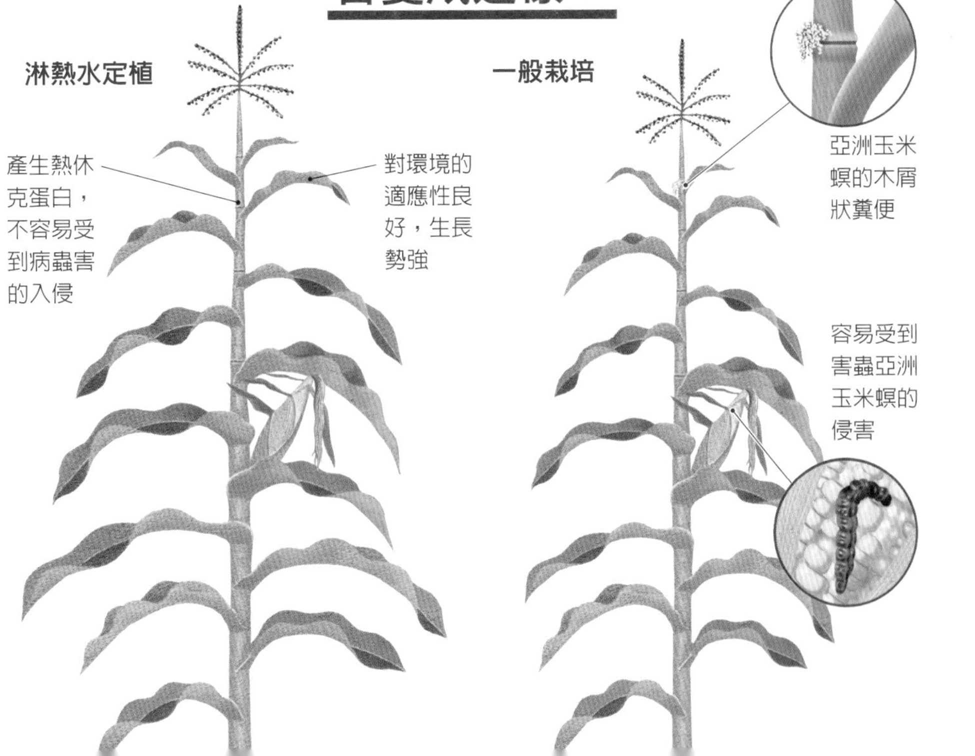
淋熱水定植
產生熱休克蛋白，不容易受到病蟲害的入侵
對環境的適應性良好，生長勢強
一般栽培
亞洲玉米螟的木屑狀糞便
容易受到害蟲亞洲玉米螟的侵害

密技4

田間直接播種

生長勢強，不易受到颱風災害

植物會為了適應發芽位置的環境而生長、進化。因此在田間直接播種的植栽，其生長狀況會比育苗後定植還要良好。若是發芽需要高溫的青椒或茄子，就必須要在溫室內育苗，不過玉米就算低溫也會發芽，所以能在田間直接播種栽培。

於田間直播時，整土的方式要比定植幼苗時更加仔細。於播種3週前以上，施以成熟堆肥和伯卡西肥，確實耕耙拌勻後，作出南北向的畦。接著在播種1週前，將土壤表層用耙子等輕輕耕耙，去除雜草以促進雜草發芽。當天除完草後，於表層鋪上板子，避免新的雜草長出，打造出玉米發芽後不輸雜草的合適環境。

種子於和定植相同時期的5月上旬～6月下旬進行播種。若只播1顆種子，發芽率會降低，發芽進度也會參差不齊，所以必須在同一個植穴中播3顆種子。當長出2～3片本葉時，留下未遭受病蟲害入侵的1株健康幼苗，其餘進行間拔。之後便用和一般栽培相同的方式管理。

直接播種的玉米，其根系會往土壤下方直線延伸。根系能吸收大量的養分和水分，生長勢也會隨之增強。此外，由於根系紮實地固定於土壤中，因此也能更耐風雨。

※播種時期／田間準備／間距、行距、畦高、畦寬，以第55頁為準。

如何種植？

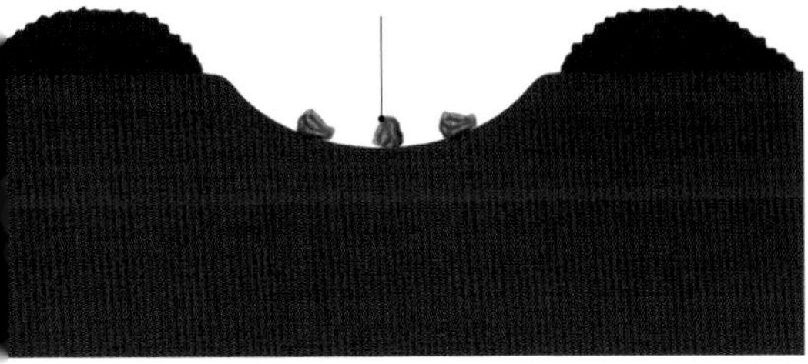
於直徑10cm的植穴中，
播下3顆種子
在播種3週前以上，施以成熟堆肥和發酵有機肥，充分耕耙後，作出畦高10cm、畦寬90cm的南北向畦

長出2～3片本葉時，
間拔至1株幼苗

會變成這樣！

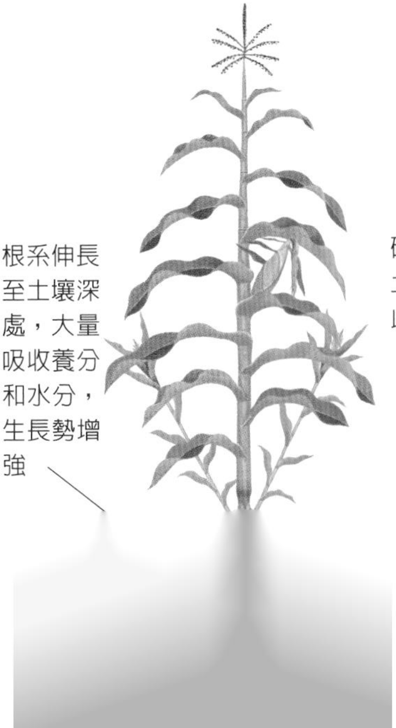
直接播種
根系伸長至土壤深處，大量吸收養分和水分，生長勢增強
確實固定於土壤中，因此能耐風雨

一般栽培
和直接播種相比，根系分布較淺

毛豆

●分類　豆科
●原產地　中國

播種後注意鳥害

喜好介於18～28℃的溫暖氣候。毛豆的根系和根瘤菌共生，能將空氣中的氮氣固定於土壤中成為植物的養分，因此在較貧瘠的田間也能栽培。雖然喜好水分，但是卻厭多濕環境，所以應作畦栽培以利排水。

不論是育苗後定植於田間，還是直接在田間播種，都能夠培育毛豆，這兩種方式也有其特徵所在。

用苗株定植時，由於可在溫室中育苗，所以從氣溫較低的時期就能開始進行栽培，是適合想要早期採收的類型。

另一方面，直播方式是將種子直接播種於田間，所以能增強生長勢，適合於土壤較貧瘠的田間栽培。此外，育苗方式也非常簡單，節省勞力。

育苗時，應於定植前30天，在黑軟盆中各播1顆種子，或是於育苗箱中以5㎝間距播種。發芽並長出1～2片本葉後，便可於田間以30㎝間隔進行定植。若土壤乾燥，可於定植後進行澆水。當長出3～4片本葉後將土堆至植株基部。

直接播種時，於和定植相同的時期，在田間每一個植穴中播1顆種子，並確實壓平土壤。當種子發芽長出2片本葉後，將植株基部加以培土。直接播種的植株由於生長勢強，可能會因為枝蔓生長過剩而無法轉換成生殖生長，如果生長勢較強時，可於長出5～6片本葉時進行摘心。

基本的定植方法

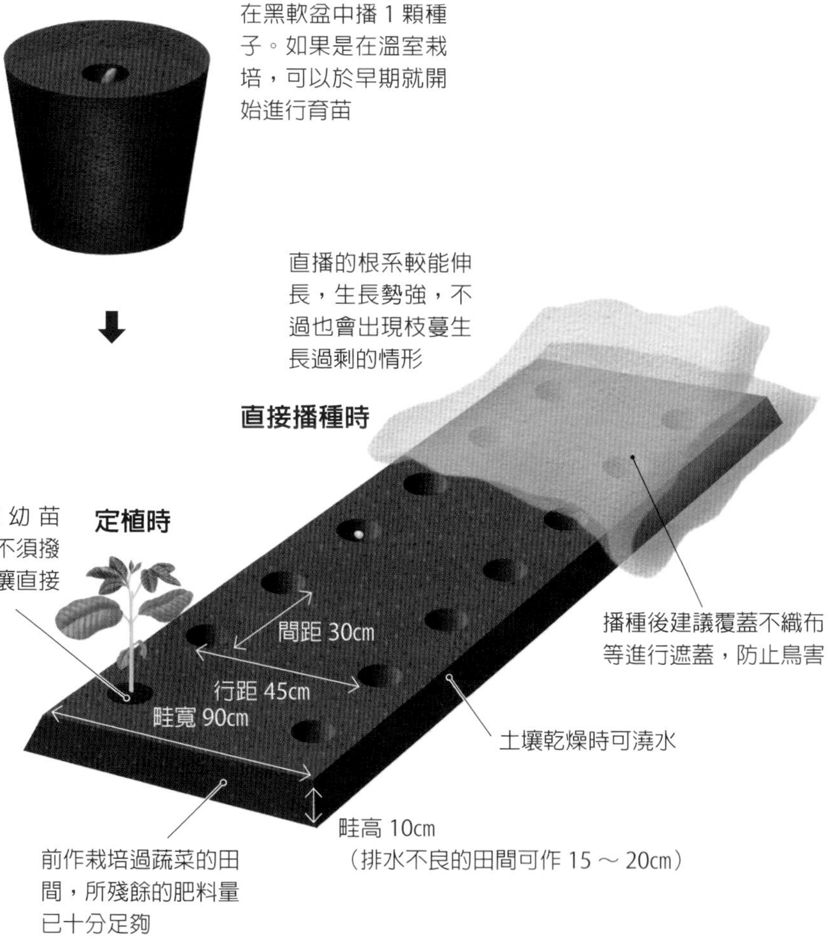
定植幼苗時，不須撥鬆土壤直接栽種

定植時期

一般地區　5 月上旬～ 6 月中旬
寒冷地區　6 月上旬～ 6 月下旬
溫暖地區　4 月下旬～ 6 月中旬

田間準備

如果是初次栽培蔬菜的田間，或是前作為玉米及麥類等時，可在定植 3 週前以上，施以成熟堆肥、油粕和米糠等有機肥料，並加以耕耙翻土

密技1

切根定植

使老化的苗株恢復生長勢，促進生長旺盛

※定植時期／田間準備／間距、行距、畦高、畦寬，以第65頁為準。

植物可分為使莖葉繁茂的營養生長，以及為留下後代而開花結果的生殖生長這兩種生長階段。蔬菜的苗株，會因為黑軟盆或是耕土層下方的堅硬土壤，使根域受到限制，根的生長一旦停止，植株就會開始迅速老化，準備進入生殖生長的階段。

因此生長於黑軟盆中、根域受到限制而老化的毛豆苗株，會從營長生長轉換為生殖生長，定植後枝葉的生長狀況也會變差。不過就算是老化的苗株，如果根部能重新生長，更新成全新的根系後，便能讓枝葉的生長旺盛。因此將根系切斷，促進苗株長出新的根系，就能恢復苗株的生長勢。

將苗株從盆中取出後撥掉土壤。接著用剪刀或徒手去除3分之1至3分之2的根。切去根部的毛豆苗株，長出新根的時間較長，因此以間距30㎝定植於田間後，應充分澆水。當切斷的根部長出新根後，便能恢復生長勢，上部的生長也能隨之變得旺盛。

如果將老化的苗株直接定植，和切根後定植相比，定植完之後，直接定植的苗株較快長出新根，而且生長狀況較好。另一方面，根系被切斷的苗株，雖然初期生長狀況較差，不過會漸漸恢復生長勢，生長狀況甚至比直接定植的植株還要旺盛。

如何種植？

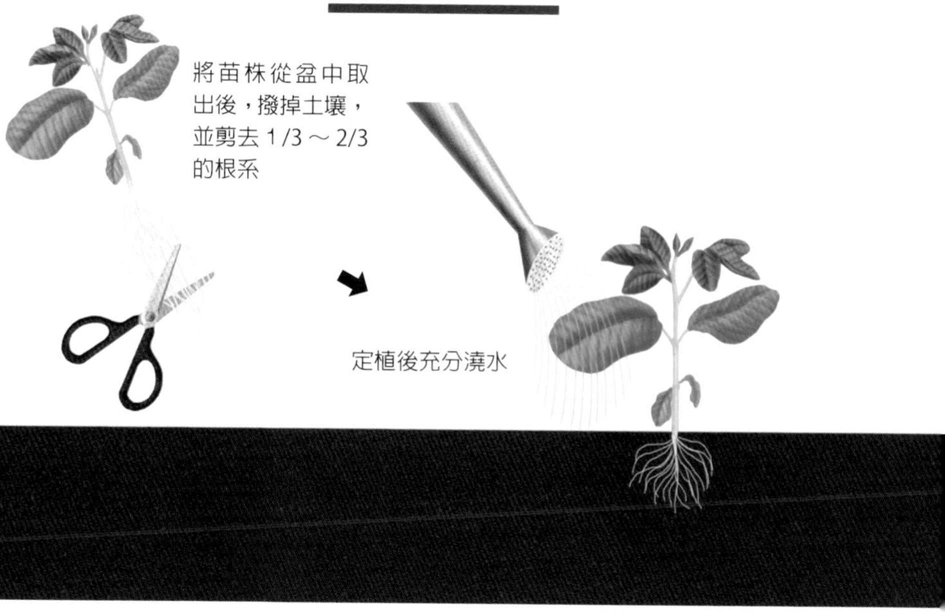
將苗株從盆中取
出後，撥掉土壤，
並剪去 1/3 ～ 2/3
的根系
定植後充分澆水

會變成這樣！

切根栽培

根系更新，植株恢復生長勢且生長旺盛

一般栽培

植株漸漸老化，植株的生長狀況不佳

密技2

3顆播種

豆子肥大，耐乾燥

儘管開了花，卻只看見豆莢乾癟的毛豆。這是因為雖然經過授粉，但是養分無法確實傳遞至豆莢而造成的情況。

一般而言，豆子肥大的時期是在梅雨季結束，日照逐漸變強且易乾燥。這時候的根系如果只分布於土壤中的淺層，就會無法充分固定氮氣，也沒辦法確實吸收光合作用所需的水分。因而造成養分無法充分傳遞至豆子使之肥大。

然而，如果相近的2棵植株一起生長，毛豆就會因為互相競爭，使根系延伸至較深的位置，如此便能充分吸收養分及水分。也能讓豆子肥大，減少空豆莢的情況。

不論是田間直接播種或定植苗株，都要讓根系確實往下伸長，因此應進行深耕，或作出高20cm以上的高畦。直接播種時，於田間挖出直徑5cm的植穴，並於每個植穴中播3顆種子。當長出2片本葉後，留下外型健康的2株，將欲間拔的苗株連根拔起。若要育苗時，於每個黑軟盆中播3顆種子，當初生葉展開後，拔除1株幼苗。接著當幼苗長出1～2片本葉時，即可進行定植。

此外，根系一旦往下延伸後，生長勢也會隨之增強，容易造成枝蔓生長過盛而難以結果，所以應減少施肥量。若田間土壤肥沃，造成植株生長旺盛時，也可進行摘心以抑制生長。

※播種、定植時期／田間準備／間距、行距、畦寬，以第65頁為準。

如何種植？

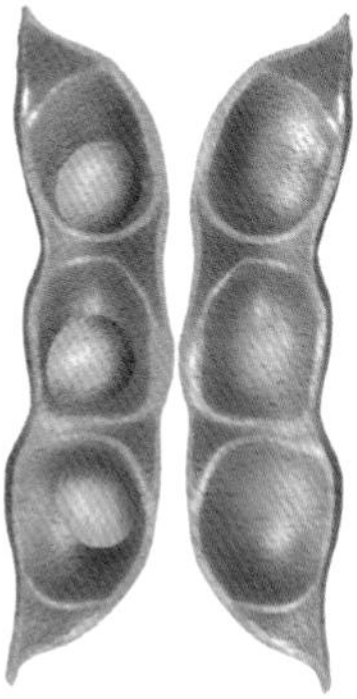

毛豆的種子。
每個豆莢中含有
2～3顆種子

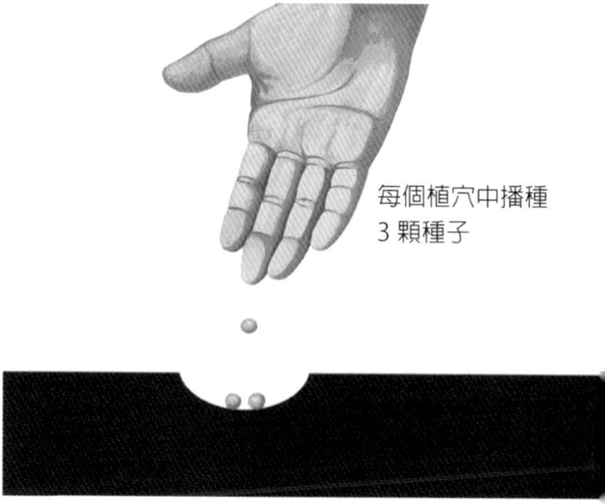

會變成這樣！

3顆播種

使豆子肥大

藉由2棵植株
的互相競爭，
使根系能伸長
至土壤深處，
充分吸收養分
和水分

一般栽培

於豆子的肥大期若根
系太淺，可能會出現
許多空豆莢的情況

和2棵植株
相比，根系
較淺而且生
長狀況差

密技3

和小黃瓜混植

提升發芽率，促進生長狀況

毛豆的種子含有豐富的油脂。如果保存狀態不理想，會造成油脂變質，加上採種一旦經過2年後，發芽率也會迅速降低。不過，在小黃瓜種子自然掉落的田間播種毛豆，就算是老舊的毛豆也能提升發芽率，這種方式從以前就廣為農業界所知。

其實小黃瓜在發芽之前，會產生一種發芽促進物質，同時也能促進周圍其他植物的發芽效果。這是因為小黃瓜發芽時，若周圍生長了其他植物，才能夠使枝蔓卷繞攀附其他植物生長。

因此利用小黃瓜的這種特性，將毛豆和小黃瓜進行混植。透過同時間播種，以促進毛豆的發芽和生長狀況。

此外，就像傳承農法的方式般，還能提升老舊毛豆種子的發芽率。

像是包夾著小黃瓜種子般，以2～5㎝的間距於兩側播下毛豆種子。小黃瓜種子能促進毛豆的發芽，因此能讓毛豆的發芽狀況維持一致。

不過，小黃瓜在發芽之後會抑制毛豆的生長，所以當毛豆發芽後，應將小黃瓜的幼苗從基部切除。

※播種時期／田間準備／間距、行距、畦高、畦寬，以第65頁為準。

如何種植?

像是包夾著小黃瓜種子般，
於兩側播下毛豆種子

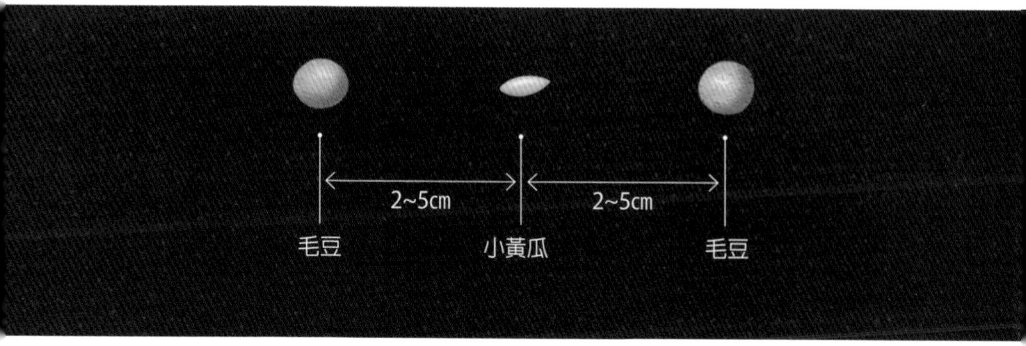

小黃瓜會產生發芽促進物
質，促進周圍植物發芽

會變成這樣！

能提升毛豆的發芽率，
發芽進度也較一致

當毛豆發芽後，將小黃
瓜的幼苗從基部切除

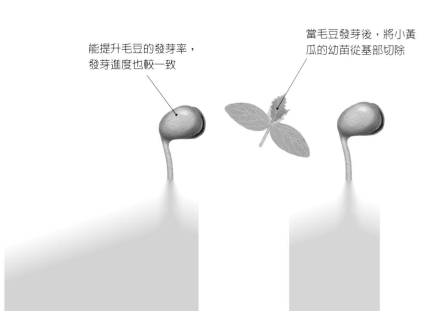

密技4

提升耐乾燥性

草生栽培

毛豆在少量日照下也能生長，能栽培於像是被玉米遮住陽光的田間等等。反之，如果日照過於強烈，反而會使生長狀況變差。此外，到了夏季的高溫乾燥期，也很容易產生水分不足的情況。一旦植株水分不足，便容易出現空豆莢。

在高溫乾燥狀況較明顯的年分，觀察沒有除草和確實除草的毛豆田，會發現在沒有除草的田間，毛豆的生長狀況較好。

毛豆的草生栽培，是利用自然生長於田間的雜草，避免毛豆過曝於強烈陽光下的栽培方法。此外，雜草也能將土壤深處的水往上吸收，減少乾旱對毛豆植株的影響。

毛豆和一般栽培方法相同，可於田間直接播種或用幼苗定植。

在基部進行培土之前，和一般栽培一樣進行除草，培土之後所長出的雜草則任其生長。如此一來，就能避免毛豆植株受到過於強烈的陽光照射。

毛豆或是雜草的根部，會和菌根菌共生。菌根菌可在毛豆和雜草之間形成網絡，使兩者共有水分和養分。除此之外，菌根菌的菌絲於土中延展的程度，是毛豆及雜草根系的2倍之多。因此能夠更廣泛地吸收養分及水分。

※定植、播種時期／田間準備／間距、行距、畦高、畦寬，以第65頁為準。

如何種植？

於田間直接播種，或是待
長出 1 ～ 2 片本葉後定植
除草直到
培土之前

會變成這樣！

雜草具有遮擋陽光的作用
雜草能吸收土壤深處
的水分，減少毛豆受
到乾旱的影響
毛豆和雜草根系的菌
根菌能形成網絡，共
有水分及養分

花生

●分類　豆科
●原產地　南美安地斯山脈以東

確實進行培土

花生喜好介於23～28℃的高溫乾燥氣候。能適應各種土壤，是容易栽培的作物。

種子應於定植幼苗前30天，從花生殼中取出並浸泡於水中一晚，再於每個黑軟盆中各播種1顆。接著當長出2～3片本葉後，以30㎝的間距進行定植。花生（落花生）有如其名，在開花後子房柄會伸長至土中，形成豆莢並開始肥大，因此在草長達到30㎝左右時，應施以追肥，並在植株基部堆上鬆軟的土壤進行培土。

花生仁含有豐富的營養成分，所以很容易遭受蟲害，豆金龜尤其喜愛蛀食。有機肥料容易招引害蟲，所以當豆莢伸入土中後，就不再進行追肥。

花生分為將尚未成熟的豆子加以煮過後食用，以及將成熟的豆子乾燥或煎焙等進行加工這兩種用途，而採收時期也不同。用來煮食的花生，是在按壓花生殼後會碎掉的柔軟時期採收；用來乾燥加工的花生，則是在花生殼的紋路明顯，按壓也不會立刻碎掉的時期採收。

欲將花生乾燥時，可在葉子變黃後整株連根拔起，平放於田間2～3天後，再吊掛於通風良好且能遮雨的地方4～5天，使其乾燥。之後再將豆莢摘下，連著花生殼保存。若要用來煮食，則應在完全成熟前20天進行採收，不過如果太早採收會帶有青澀的草味，使美味大減。因此建議先挖掘部分確認之後，再開始採收。

基本的定植方法

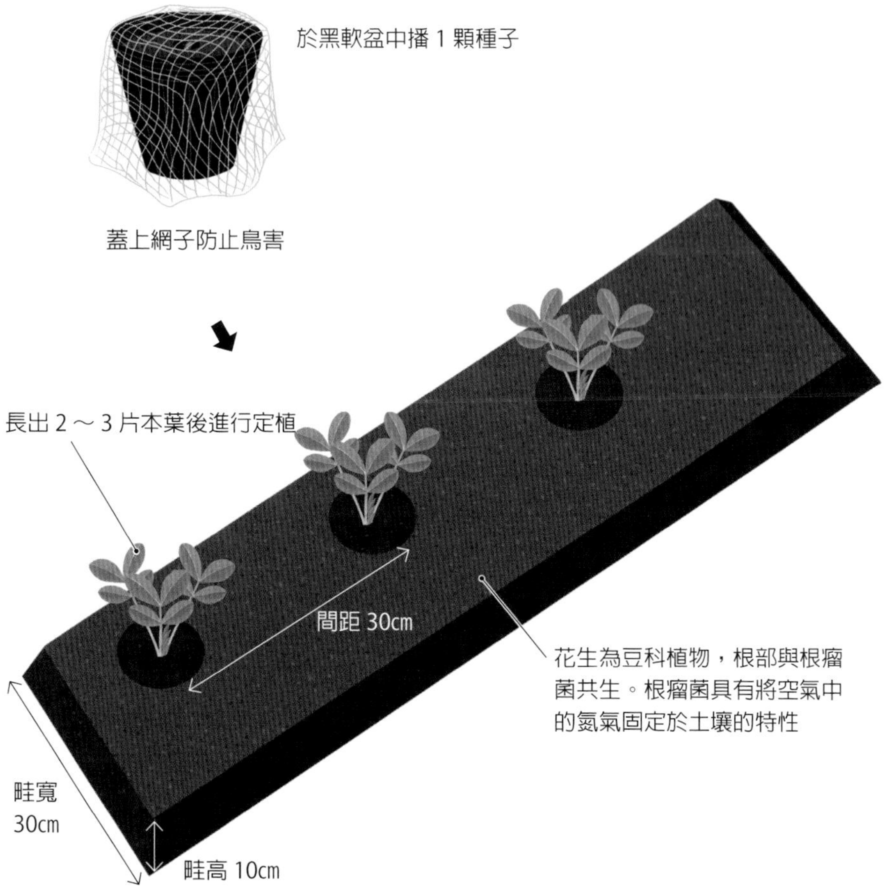
於黑軟盆中播 1 顆種子
蓋上網子防止鳥害
長出 2 ～ 3 片本葉後進行定植
間距 30cm
花生為豆科植物，根部與根瘤菌共生。根瘤菌具有將空氣中的氮氣固定於土壤的特性
畦寬 30cm
畦高 10cm

定植時期

一般地區　5 月上旬～ 5 月下旬
寒冷地區　5 月中旬～ 6 月上旬
溫暖地區　4 月中旬～ 6 月上旬

田間準備

於定植 3 週前以上，施以成熟堆肥、油粕和米糠等有機質肥料，並確實耕耙翻土。若前作為蔬菜時，可直接用殘留的肥料栽培。

密技①

切根定植

不需要培土，也能增強生長勢

將花生的苗株根系切斷後定植，能使根系不會往深處延伸，使其分布範圍較淺而廣。

花生的根部和莖的生長彼此連動。因此當根系往橫向延伸時，地上部的莖也會隨之往橫向延展。莖部就像是匍匐在土壤表層般生長，子房柄也能輕易地伸入土壤中。所以切根定植能省略堆土於植株基部（培土）的程序。

切根定植和一般栽培一樣，先於黑軟盆中育苗。當長出2～3片本葉後，將苗株從盆中取出，確實撥去原本的土壤。之後再將捲曲於盆中的根系拉直，並切除3分之2的根系之後，以間距30㎝定植於田間。由於切斷了大部分根系，所以在定植後應充分澆水，促進長出新根。

定植後初期的生長較慢，不過一旦長出新根後，莖部也會開始彷彿匍匐於地表般伸長。此外，在定植的時期進行切根，也有促進生長新根的作用。植株在盆中長根時，雖然會使苗株逐漸老化，不過當植株長出新根後，就能恢復及增強生長勢。

此外，雖然不需要進行培土，不過當植株高度達30㎝後應施以追肥。

※定植時期／田間準備／間距、畦高、畦寬，以第75頁為準。

如何種植？

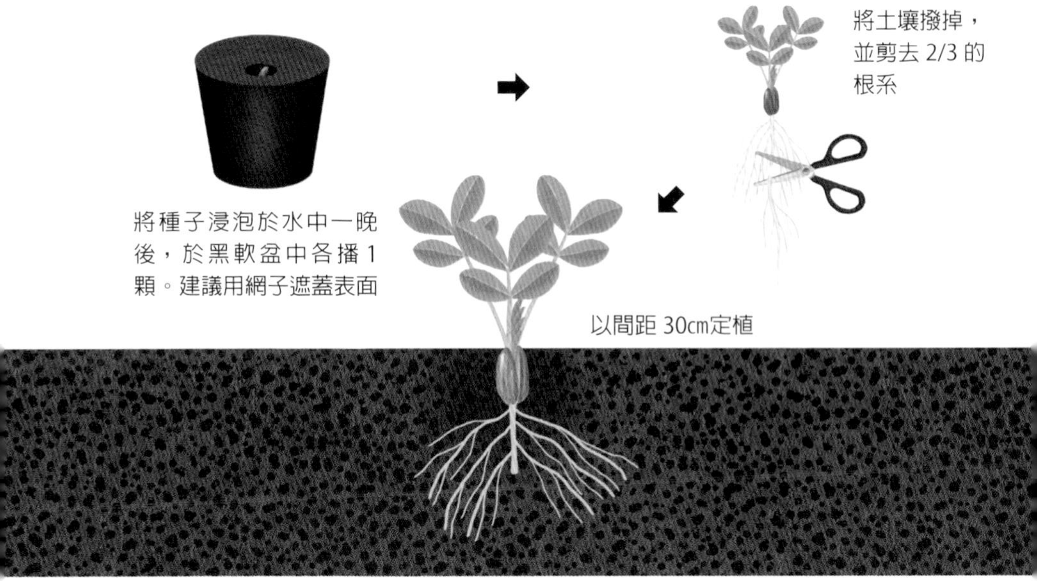
將種子浸泡於水中一晚後，於黑軟盆中各播1顆。建議用網子遮蓋表面
將土壤撥掉，並剪去2/3的根系
以間距30㎝定植

會變成這樣！

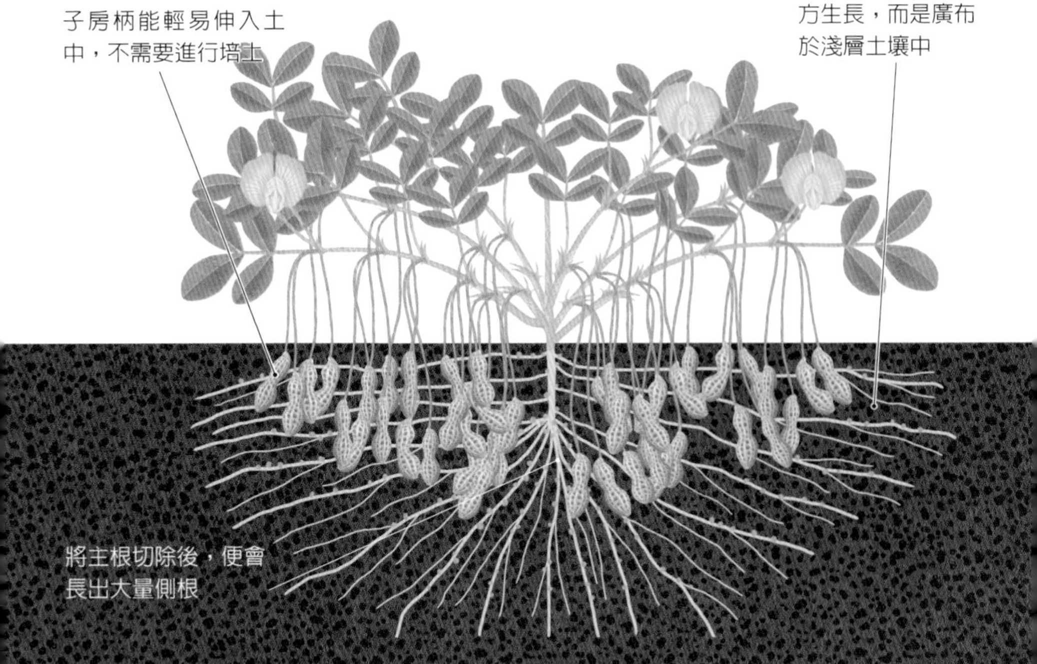
地上部和根系連動，有如匍匐在地表般生長。子房柄能輕易伸入土中，不需要進行培土
側根不會往土壤下方生長，而是廣布於淺層土壤中
將主根切除後，便會長出大量側根

密技❷

田間直接播種

生長勢變強，收穫量增加

花生若直接播種於田間，能讓根系延伸至土壤深處，增強生長勢，並且增加收成量。不過根系往下伸長時，莖部也會相對呈現直立狀態。因此會使豆莢難以伸入土壤中，這時候就需要在植株基部確實堆土（培土）。

播種的時期和一般栽培的苗株定植相同。於播種前一天，事先用耙子等撥土以去除田間的雜草，再將土壤表面整平。另外，將種子從豆莢中取出，浸泡於水中一晚。

播種當天，挖出直徑5㎝、間距30㎝的植穴，於每個植穴中播2～3顆種子。播種完之後建議鋪上網子，避免遭到鳥害。

接著當長出1～2片本葉時，留下形狀完好、未受病蟲害入侵的1株幼苗，其餘從基部切除進行疏苗。直接播種時，植株的生長勢較強，莖葉呈現直立狀，而且開花數也比較多。

不過就算開花後，子房柄也難以伸入土中，因此可以輕輕將莖部往土壤表面壓倒。另外，當植株高度達到30㎝之後，應施以追肥，並且堆起土壤直到覆蓋部分莖部為止，讓子房柄能順利伸入土壤中。如果有確實進行堆土（培土），直接播種的收成量能比一般栽培還多2～3成左右。

※田間準備／間距、畦高、畦寬，以第75頁為準。

如何種植？

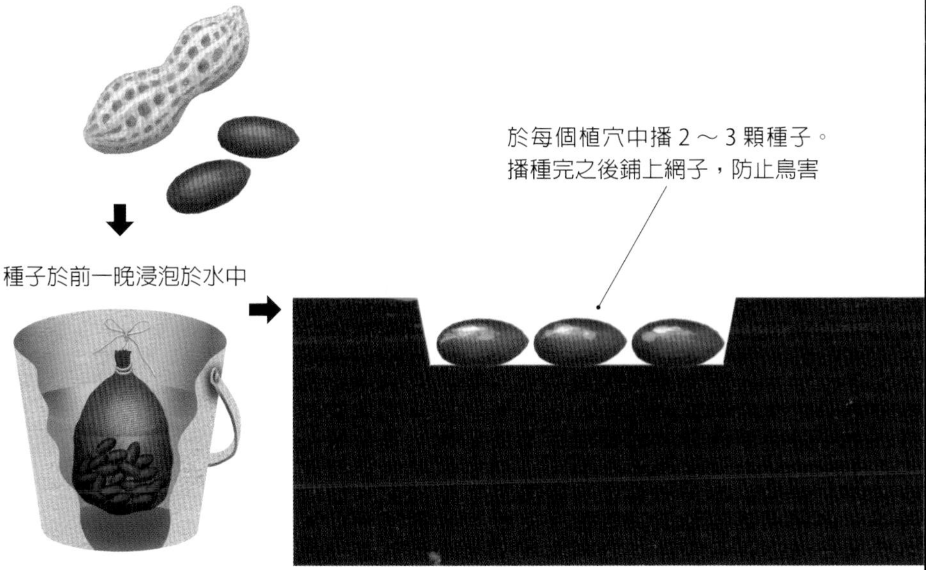
種子於前一晚浸泡於水中
於每個植穴中播 2 ～ 3 顆種子。
播種完之後鋪上網子，防止鳥害

會變成這樣！

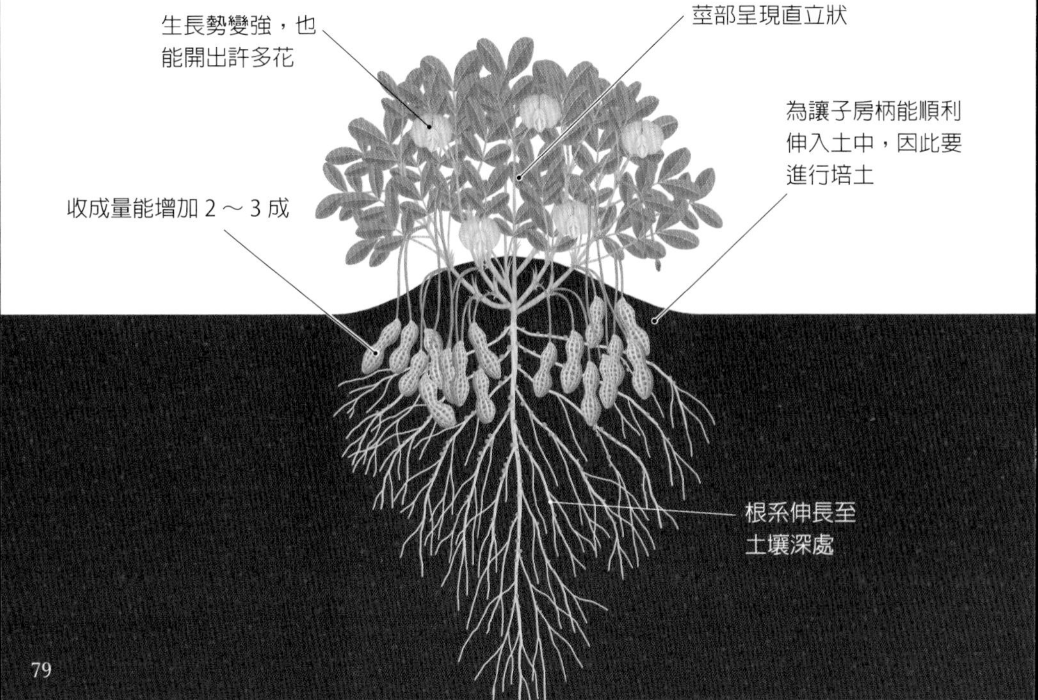
生長勢變強，也
能開出許多花
莖部呈現直立狀
為讓子房柄能順利
伸入土中，因此要
進行培土
收成量能增加 2 ～ 3 成
根系伸長至
土壤深處

四季豆

●分類　豆科
●原產地　中南美

直播或定植皆可

四季豆喜好介於18～28℃的溫暖氣候。可分成「無蔓種（矮性）」和「蔓性種」，無蔓種四季豆的採收期間較短，而蔓性種的採收時間較長。種植蔓性種時，如果可從側枝採收，就能再延長採收期間。

種子可分成直接播種，以及用黑軟盆育苗後定植這兩種栽培方法。和毛豆一樣，若採用定植幼苗的方式，就能在較早的時期採收，而田間直播則能增強生長勢。育苗時，可於定植前30天，於9㎝的黑軟盆中各播1顆種子，當長出4～5片本葉後，便以間距30㎝進行定植。直接播種的時期和定植苗株相同，以間距30㎝各播1顆種子。

不論是用苗株定植或直接播種，當枝蔓開始伸長後，只於最一開始的時候誘引至支架上。之後植栽便會自然攀藤於支架上生長。採收應於每日進行。土壤中的養分會漸漸消耗，不足的養分可用伯卡西肥等，施以追肥補充。當植株高度達20㎝左右後，將第1次追肥施於基部，接著再過20天後，可於畦的兩側施以第2次追肥。

四季豆主要利用的是尚未成熟的豆莢而非豆子。如果植株順利授粉，豆莢中的豆子便能肥大，形狀長直而且飽滿。花粉量越多就越容易授粉，為了讓養分也能充分傳遞至花，應趁早採收飽滿的豆莢。

基本的定植方法

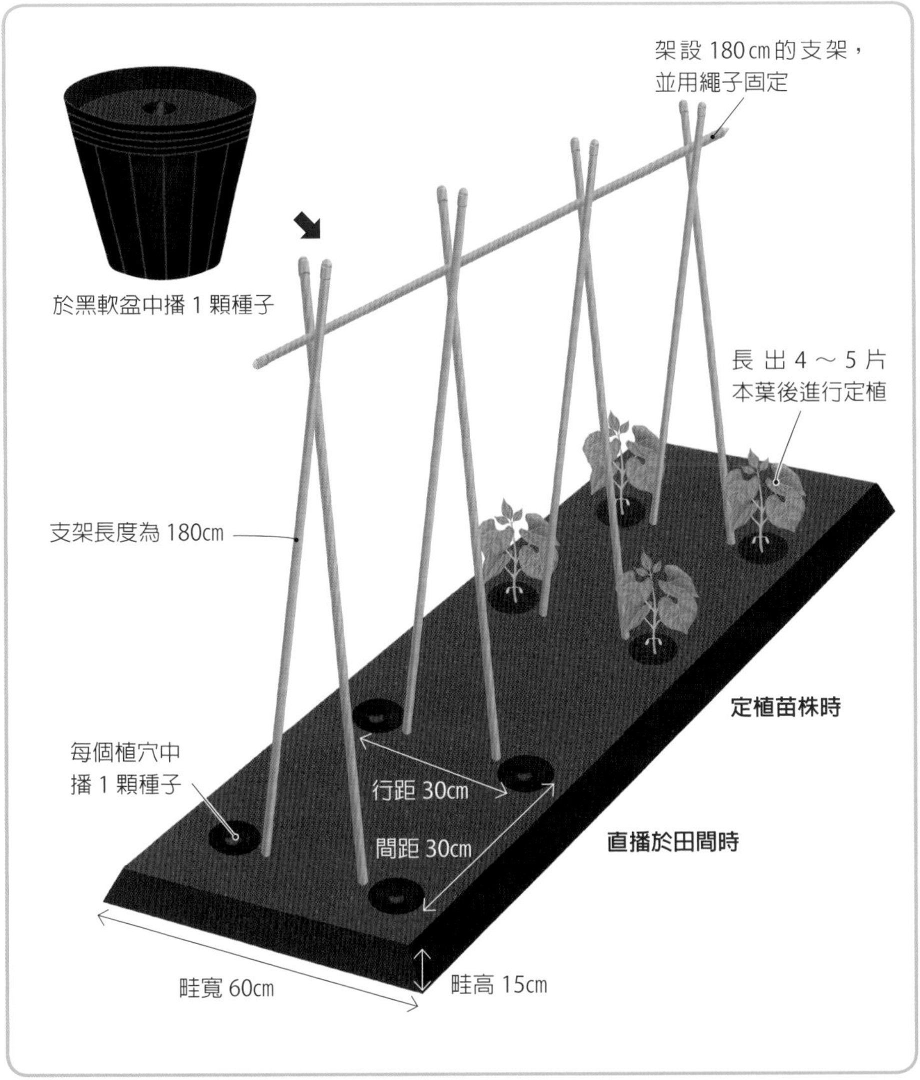
架設 180㎝的支架，
並用繩子固定
於黑軟盆中播 1 顆種子
長出 4 ～ 5 片
本葉後進行定植
支架長度為 180㎝
定植苗株時
每個植穴中
播 1 顆種子
行距 30㎝
間距 30㎝
直播於田間時
畦寬 60㎝
畦高 15㎝

定植時期

一般地區　5 月中旬～ 7 月中旬
寒冷地區　6 月上旬～ 7 月上旬
溫暖地區　4 月中旬～ 7 月下旬

田間準備

於定植 3 週前以上，施以成熟堆肥、油粕和米糠等有機質肥料，並確實耕耙翻土。以 30㎝的間距架設 180㎝以上的支架，在每根支架之間用繩子等固定。

密技 1

3顆播種

發芽進度一致，生長旺盛

試著將四季豆莢剝開，會發現其中大約含有8顆左右的豆子。這代表在自然界中，四季豆的種子是藉由集團性的播種來繁衍後代。將四季豆播下1顆以及播下3顆種子的生長狀況相比較，會發現播3顆種子的幼苗發芽進度一致，而且之後的生長狀況也比較好。

若要直接播種時，應以間隔30cm，在直徑5cm的植穴中各播3顆種子。若用苗株定植時，則是在9cm的黑軟盆中各播3顆。

不論是直播或是定植，如果將發芽的3顆幼苗一起栽種，雖然能增加收成量，但是由於莖葉緊密盤繞支架，容易造成通風不良而受到病蟲侵害。因此當幼苗長出1～2片本葉時，將葉子形狀較佳、未受病蟲害入侵的2株幼苗留下，從基部拔除1株幼苗。

定植苗株時，待盆中幼苗長出3～4片本葉後，將2株幼苗從盆中帶土取出，以30cm間距將2株一起定植。當枝蔓開始延伸後，便可將2棵植株一起誘引至支架。

隨著植株生長，在每個節位開花結果後，便可開始逐次採收。不過，當豆莢中的豆子開始肥大之後，植株就不再開花，所以應趁豆子膨大之前盡早採收。另外，當枝蔓伸長至支架頂端後，即可開始摘心，使植株長出側枝，並從側枝採收豆莢。

※播種、定植時期／田間準備／間距、行距、畦高、畦寬，以第81頁為準。

如何種植?

四季豆的豆莢中大
約含有 8 顆豆子

3 顆播種

每個植穴播
3 顆種子

一般栽培

每個植穴播
1 顆種子

會變成這樣!

3 顆播種

由於植株間互相
競爭，因此和 1
顆播種法相比生
長較旺盛

一般栽培

和 3 顆播種法
相比，根系無
法伸展

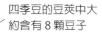

密技 2

原有植株旁連續播種

長期採收高品質豆莢

在採收中的四季豆植株基部旁播種，種植新的植株，就能長期採收四季豆的栽種方法。

若是位於溫暖地區，四季豆在4月中旬～7月下旬之間都能夠播種。因此最初的植株可在氣溫較低的4月中旬播種於黑軟盆中，並於5月中旬將苗株定植。如此一來，到了6月下旬就可以開始採收。接著到了7月上旬，枝蔓生長至支架的頂端後，便可在植株基部，於一個植穴中播下3顆種子，當長出1～2片本葉後，間拔至1株幼苗。當新的植株開始生長枝蔓時，便可誘引至支架上。此外，雖然最初的植株也可以用直播栽培，不過建議在土壤溫度較高的5月上旬直播於田間。

一般而言，四季豆在主莖採收完之後，也可從側枝採收。不過從側枝採收時，由於枝蔓彼此捲繞，會難以發現豆莢而錯過適合的採收期，收成量也會減少。另外，四季豆的年輕植株生長勢較強，豆莢也很快就會膨大，而當植株老化後豆莢膨大的速度就會較慢，也很容易受到病蟲害的入侵。

因此當最初的植株主莖都採收完之後，不需要使其長出側枝，而是從基部切除植株。接著再繼續栽培新長出來的植株，就能長期連續採收高品質的四季豆。

※田間準備/間距、行距、畦高、畦寬，以第81頁為準。

如何種植？

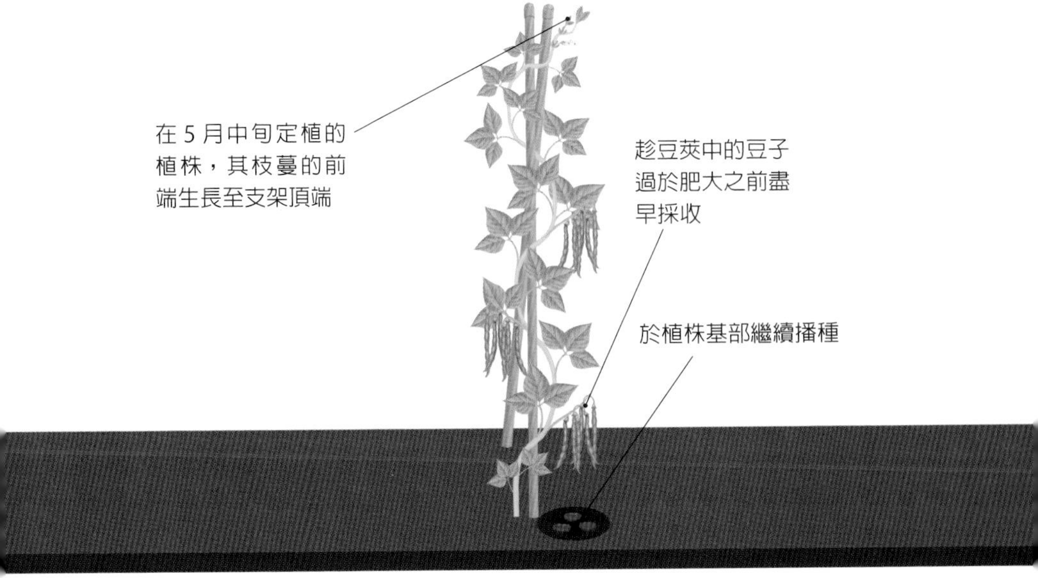
在 5 月中旬定植的植株，其枝蔓的前端生長至支架頂端
趁豆莢中的豆子過於肥大之前盡早採收
於植株基部繼續播種

會變成這樣！

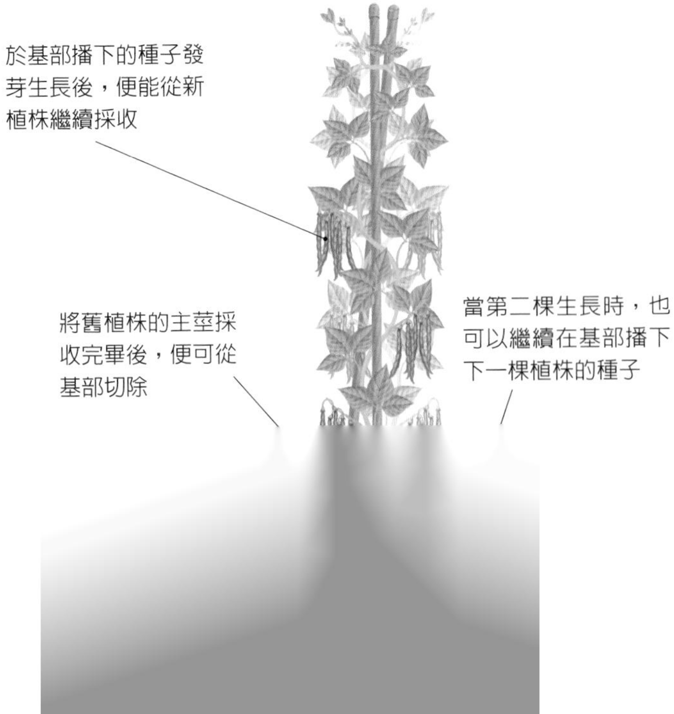
於基部播下的種子發芽生長後，便能從新植株繼續採收
將舊植株的主莖採收完畢後，便可從基部切除
當第二棵生長時，也可以繼續在基部播下下一棵植株的種子

秋葵

●分類　錦葵科
●原產地　非洲東北部

於適當時期盡早採收

秋葵喜好介於23～28℃的高溫氣候及乾燥。當植株高度增加時，根系具有為尋求水分而往深處延伸的特性。

一般是利用尚未成熟的豆莢，因此在開花後4天，約生長至6～7㎝時即可採收。如果採收時期過早，豆莢中會不帶種子，也不具有黏性。而採收時期若太晚，皮則會過硬而無法食用。

緩慢生長的秋葵柔軟且具有獨特的黏性。此外，豆莢也會佈滿細絨毛，整體膨大，從蒂頭往尾端慢慢變細。而生長勢過強，生長速度非常快的豆莢，蒂頭部分膨大，整個豆莢都非常細。

秋葵的栽培不論是育苗後定植，或是直接播種於田間都可行。

育苗時，可於定植的40天前，在9㎝的黑軟盆中各播1顆種子，長出2～3片本葉後，以間距60㎝定植於田間。若直播於田間的時期和定植苗株相同，以間距60㎝在每個植穴中播1顆種子。不論是哪種栽培方式，當植株生長旺盛後，便可於每3週施1次伯卡西肥。

如果每個間距都只種植1棵植株，養分和水分的供給十分充裕，生長勢也會增強。此外，若節位之間較短、開花數多，每棵植株的收成量也會增多。果莢膨大速度快，反之，也很快就會變硬。

基本的定植方法

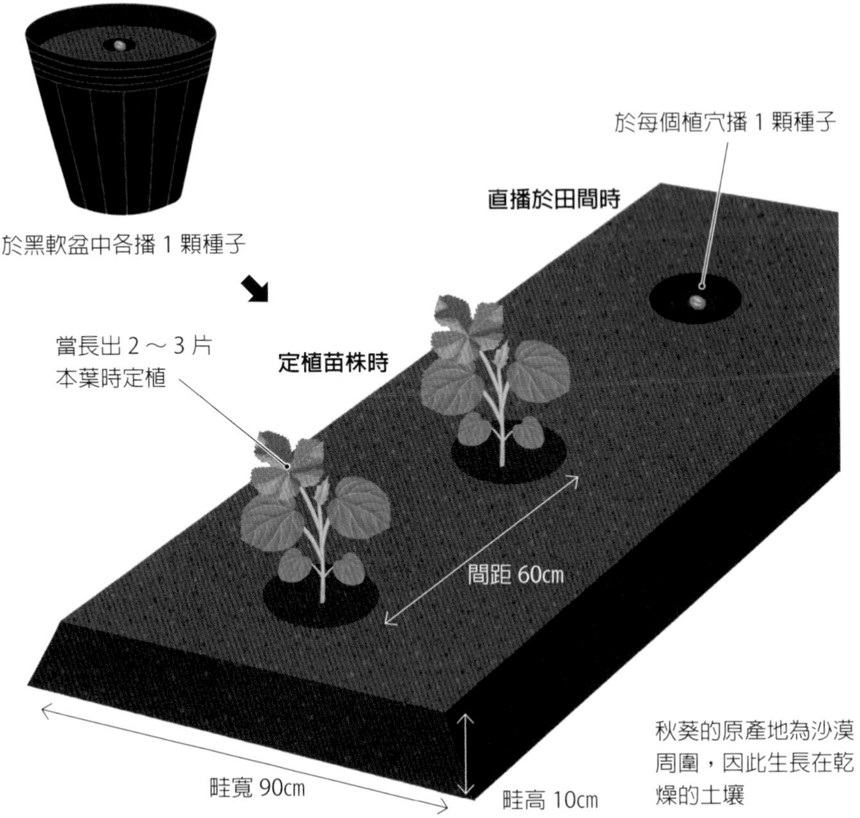
於黑軟盆中各播 1 顆種子
當長出 2 ～ 3 片
本葉時定植
定植苗株時
直播於田間時
於每個植穴播 1 顆種子
間距 60㎝
畦寬 90㎝
畦高 10㎝
秋葵的原產地為沙漠
周圍，因此生長在乾
燥的土壤

定植時期

一般地區　5 月上旬～ 5 月下旬
寒冷地區　6 月上旬～ 6 月下旬
溫暖地區　4 月中旬～ 6 月下旬

田間準備

於定植 3 週前以上，施以成熟堆肥和有機肥料，將深 20㎝以上的土壤進行耕耙，在畦部挖掘寬 60㎝、深 20 ～ 30㎝的洞，放入成熟堆肥和乾燥落葉後，再將土回填即可。

密技1

延長採收適期，增加收成量

4～10顆播種

將4棵以上的植株集中種植，能長期間採收柔軟美味秋葵的栽種方法。

若每個位置只栽種1棵秋葵，莖部會長得較粗，節位之間的距離也會縮短。由於秋葵是在每個節位開花，因此節位越多，每棵所採收的量也就越增。不過由於植株的生長勢強，豆莢的成熟時間也很快速，若採收晚了1～2天，豆莢就會變得太硬。

另一方面，若在同一個植穴中播4～10顆種子，植株會因為互相競爭養分、水分及光線，而呈現莖部纖細的直立狀態。在這種狀態下的植株，從葉子合成並傳遞至豆莢的養分較少、成熟較慢，因此能延長採收適期。此外，由於植株莖部較細且節位長，雖然每棵植株所能採收的量會減少，但是植株數量多，因此以單位面積來計算的話，整體的收成量是增加的。

在每個植穴中播下大量種子，能提升發芽狀況且使發芽進度一致。此外，由於莖與葉是交錯著生長，因此要將植株置於陽光照射充足的地方，並讓每棵植株的莖能延展至畦的外側。每次巡視農田的時候，以不會折斷莖的力道，朝畦的外側方向去按壓莖條即可。從採收完畢的節位伸長出的葉子，和果實是否膨大並無關連，將之去除可使通風良好。另外，由於莖部較纖細，因此能隨著風搖曳而不會斷裂，也能減少颱風災害的情況。

※播種時期／田間準備／間距、畦高、畦寬，以第87頁為準。

如何種植？

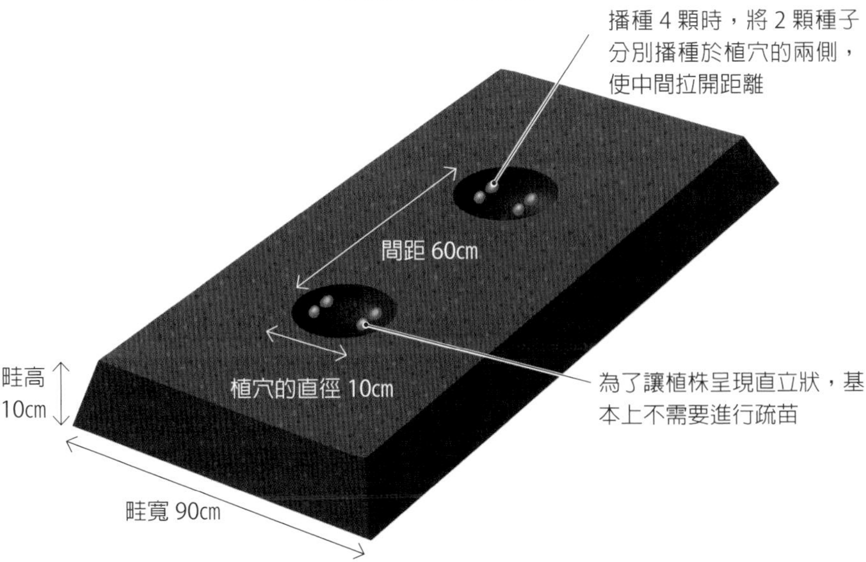
播種 4 顆時，將 2 顆種子分別播種於植穴的兩側，使中間拉開距離
間距 60cm
植穴的直徑 10cm
畦高 10cm
為了讓植株呈現直立狀，基本上不需要進行疏苗
畦寬 90cm

會變成這樣！

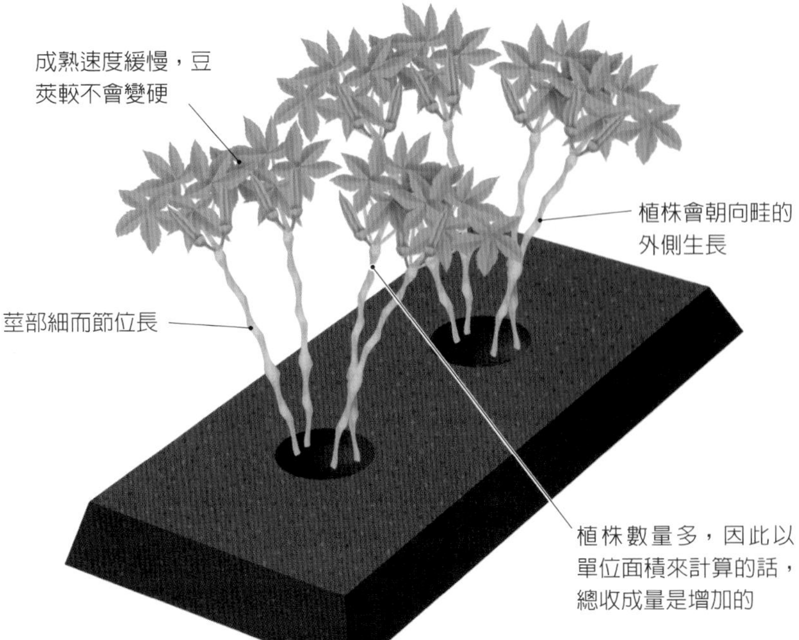
成熟速度緩慢，豆莢較不會變硬
植株會朝向畦的外側生長
莖部細而節位長
植株數量多，因此以單位面積來計算的話，總收成量是增加的

高麗菜、青花菜

●分類　十字花科
●原產地　地中海沿岸

在陰天的傍晚定植

高麗菜及青花菜喜好介於12～23℃的涼冷氣候。原種生長在混合著岩壁及岩石的土壤中，因此具有和其他植物共生，並將根系伸長至岩石或石頭間隙的特性。所以和多種植物一起栽培，能使生長狀況更好。此外，根系也伸展至柏油或是水泥等縫隙中生長，因此也常常聽到人說「耐性超強的高麗菜」。

種子應於定植前40天，以7～8㎝的間距播種在育苗箱，再用篩網等覆上一層薄薄的土，接著再鋪上稻桿或報紙等避免乾燥。當長出2片本葉後，即可移植至黑軟盆中，直到長出5～6片本葉為止。

高麗菜和青花菜是適合於寒冷時期栽培的秋冬季蔬菜，因此定植當天若為低溫，日照時間較短的話，之後的生長狀況也較為良好。所以建議在陰天的傍晚進行定植。當植株長出新根存活後，可於畦的其中一側施以油粕等有機肥，並加以培土，經過3週後，再於畦的另外一側同樣施以油粕等追肥並培土。

當高麗菜開始結球後可用手按壓，若觸感紮實堅硬，就代表是採收適期。

青花菜是當頂端的花蕾飽滿無間隙時，就可用刀子等切除，之後還可以從側芽繼續採收花蕾。

基本的定植方法

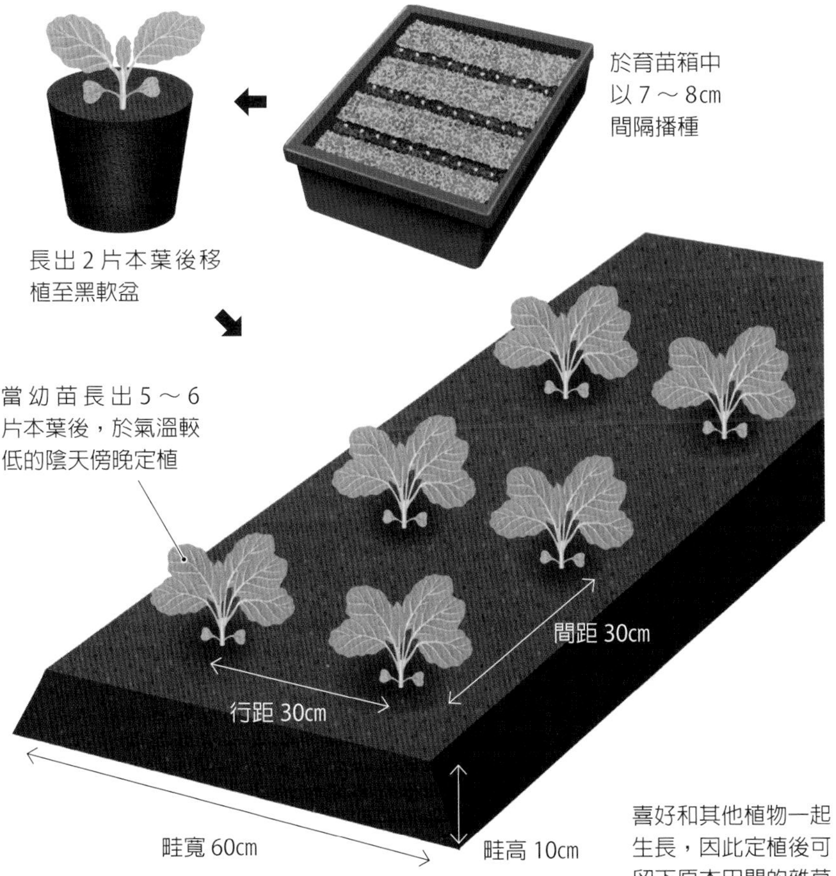
留下原本田間的雜草

定植時期

一般地區　9 月上旬～ 9 月下旬
寒冷地區　8 月下旬～ 9 月上旬
溫暖地區　9 月中旬～ 10 月中旬

田間準備

於定植 2 週前以上，施以半成熟堆肥、油粕及米糠等有機肥，並確實耕耙翻土。

密技1

切根定植

使老化的苗株恢復生長勢，提升抗害蟲性

※定植時期／田間準備／行距、畦高、畦寬，以第91頁為準。

老化的高麗菜或青花菜苗，在定植後不容易長出新根。此外，也很容易受到病蟲害的入侵。因此當苗株老化時，可切除部分根系後再定植，以促進長出新根，恢復生長勢。

高麗菜及青花菜為多年生草本植物，就算將根系切除後，也能迅速長出新的根系。此外，也具有容易從莖部長出不定根的特性。

將老化苗株直接定植，與切除根系後定植相比，直接定植的初期生長狀況較良好。不過隨著時間增加，切除根系的植株生長狀況，會比直接定植的來得更好。

另外，十字花科的蔬菜若生長勢強，就不易受到害蟲的蛀食，反之若生長勢太弱，就容易受到害蟲的侵害。切除根系可增強植株生長勢，也能有效減輕害蟲的食害情況。

定植和一般栽培方法一樣，於陰天的傍晚進行。首先將苗株從盆中取出，並確實撥去土壤。接著用剪刀或手除去3分之2長的根系。去除根系的植株生長勢會增強，因此應將間距稍微拉開，以35㎝間距進行定植。由於去除了大部分的根系，所以定植後應充分澆水。當植株長出新根存活後，便可像一般栽培一樣，於畦的某一側施以油粕等有機肥追肥後，再進行培土。經過3週之後，再於畦的另一側施以油粕等追肥，並進行培土。

如何種植？

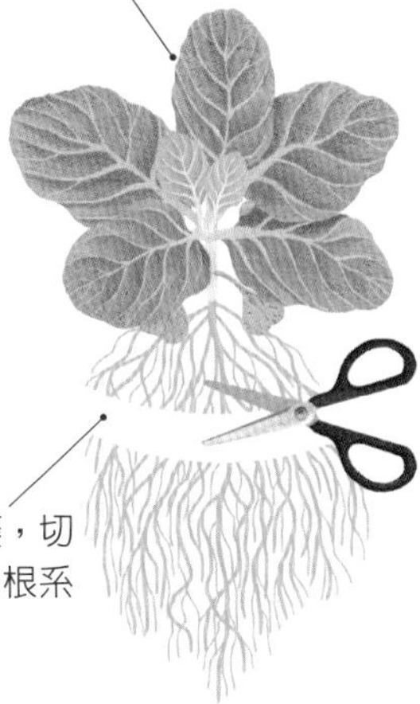
5 片本葉的苗
撥去土壤，切除 2/3 的根系

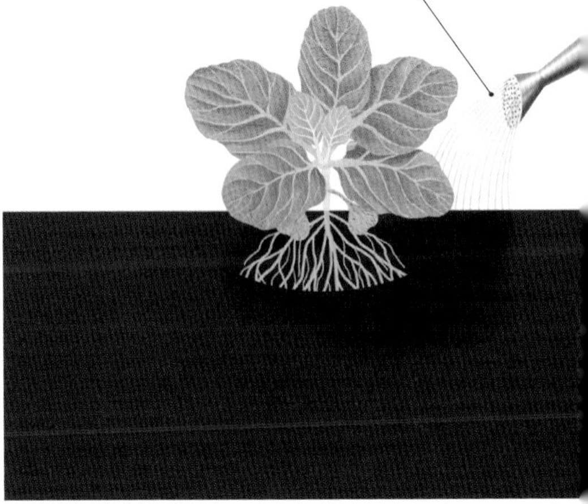
定植後充分澆水

會變成這樣！

切根定植

生長勢增強，不容易遭到害蟲蛀食

一般栽培

容易遭到害蟲的蛀食

密技 2

和菊科蔬菜混植

減少蟲害情況

甘藍夜蛾、蝶類幼蟲，以及小菜蛾幼蟲，會為高麗菜及青花菜帶來嚴重的蟲害。這些害蟲會迴避結球萵苣、葉萵苣（大陸妹）等菊科蔬菜，因此可以和菊科蔬菜混植以防治害蟲。此外，十字花科蔬菜和菊科蔬菜幾乎沒有共同的害蟲。而菊科蔬菜的害蟲也會避開十字花科蔬菜。

在定植的時候，以高麗菜或青花菜10棵，對菊科蔬菜4棵的比例混植。

不過菊科蔬菜對於害蟲產卵的抑制效果，無法完全達到有如農藥般的作用。因此在周圍沒有栽培十字花科蔬菜的地方，或是出現許多十字花科害蟲的地方，就必須要提升迴避效果。在這種情況下，可以增加菊科蔬菜的種植比例，或是將高麗菜及青花菜種植在畦的中間，並將結球萵苣、葉萵苣等像是圍繞般種在畦的兩側。

結球萵苣和葉萵句就算是低營養也能充分生長。幾乎不會和十字花科蔬菜競爭養分，所以就算混植也不需要增加施肥量。

此外，萵苣的採收期比高麗菜或青花菜還早。在萵苣採收的時期，已經過了十字花科害蟲的產卵時期，所以就算先採收萵苣也不會有問題。

※定植時期／田間準備／間距、行距、畦高、畦寬，以第91頁為準。

如何種植？

高麗菜、青花菜苗的準備方式和一般栽培相同，而結球萵苣、葉萵苣則是在定植前30天播種育苗

會變成這樣！

萵苣等菊科野菜具有迴避效果，能抑制高麗菜及青花菜的蟲害情況

密技3

密集定植

增加收成量，能長期採收

高麗菜及青花菜是喜好共生的蔬菜，因此密植能促進生長狀況。在一般的定植間距之間多栽培1株，讓植株之間的葉片互相重疊生長。由於這兩種作物都喜好共生，所以不會互相抑制。藉由緊鄰的密植，讓植株的生長狀況更良好，而且還能增加收成量。

不過，由於密植的植株數量是一般栽培的2倍，所以肥料用量也應增加2～3成。此外，也需要確實將土壤堆往植株基部進行培土。

其實高麗菜和青花菜都是多年生草本植物，所以只要栽培得宜，到了隔年春天仍然能從同一棵植株繼續採收。所以當第一次的採收結束後，不需要連根拔除，只要使其長出側芽，就能再次採收。雖說青花菜的側芽採收比較常見，但其實高麗菜也能栽培側芽後採收。

在採收高麗菜的時候，留下基部5片左右的葉子。接著在採收完之後，每隔1株拔除，拔掉一半量的高麗菜。剩下的植株施以油粕等追肥，並將土壤堆往基部進行培土。

當側芽開始生長後，於早春每一株便會長出2顆左右的小巧高麗菜。

青花菜的超密植種植，也可用相同方式，採收後每隔1株拔除，留下的植株同樣施以油粕等追肥，並進行培土即可。

※定植時期／畦高、畦寬，以第91頁為準。

如何種植?

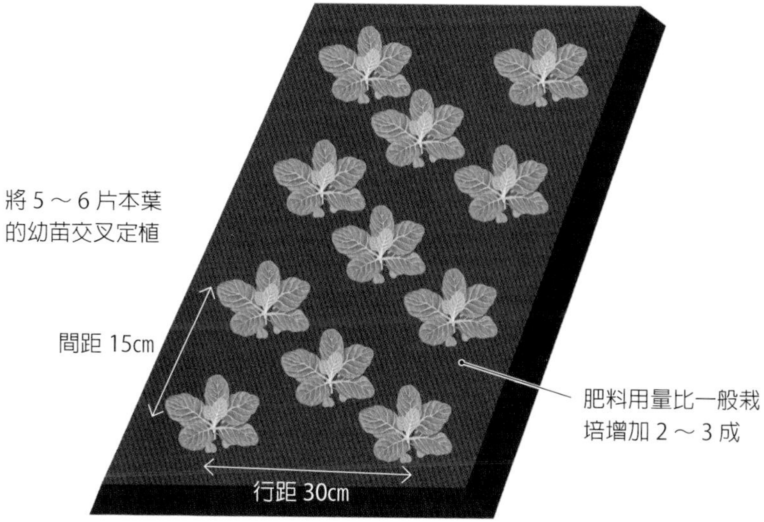
將 5～6 片本葉
的幼苗交叉定植
間距 15cm
肥料用量比一般栽
培增加 2～3 成
行距 30cm

會變成這樣!

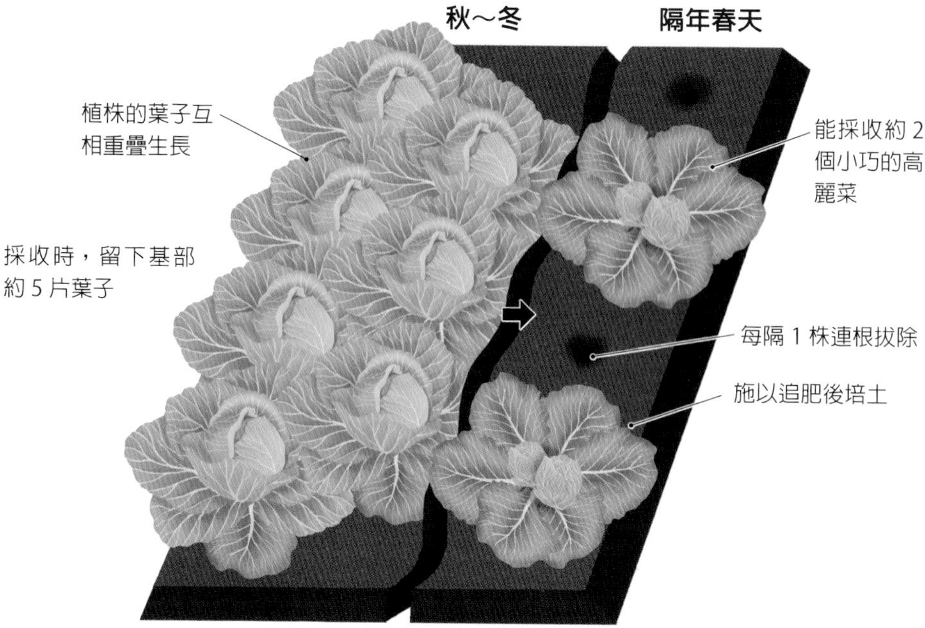
秋～冬
隔年春天
植株的葉子互
相重疊生長
能採收約 2
個小巧的高
麗菜
採收時，留下基部
約 5 片葉子
每隔 1 株連根拔除
施以追肥後培土

洋蔥

●分類　石蒜科
●原產地　中亞、地中海沿岸

秋季育苗時勿讓幼苗生長過度

洋蔥喜好介於12～23℃的涼冷氣候。不喜高溫，當氣溫超過30℃便會完全停止生長。在日本，可分為秋天種植越冬，並於初夏採收的種植方式，以及在涼冷氣候的北海道於春天種植，初秋採收的種植方式，但在這裡所介紹的是秋天種植初夏採收的栽培方式。

洋蔥的栽培首先要準備好用來播種育苗的苗床。種子應於定植幼苗前60天，以1～1．5㎝的間隔播種。接著用篩網撒上薄土，再覆蓋稻草等防止乾燥，培育出高度15㎝、莖直徑6㎜以下的幼苗。育苗時若幼苗生長過度，雖然能提升抗寒性，不過到了春天就會逐漸往上生長，鱗莖部的洋蔥卻無法膨大。

細小的幼苗在越冬時很容易遭到凍霜害，所以可在畦部鋪上黑色的塑膠布。定植苗株應在陰天的傍晚進行，定植間距為10～12㎝。接著在12月中旬及2月上旬，分別施以油粕等有機肥作為追肥。如果土壤極為乾燥時，可在天氣較暖時澆水。

當地上部大約8成都呈現倒伏狀態時，即可進行採收。為了讓鱗莖肥大，並且提高保存性，在植株的周圍插入鏟子或鋤頭，將根部切除，1週後再將洋蔥拔起。拔起的洋蔥可放在田間數天，使其乾燥，若要繼續保存時，可將10株左右綁成一束，吊掛在通風良好的陰涼處。

基本的定植方法

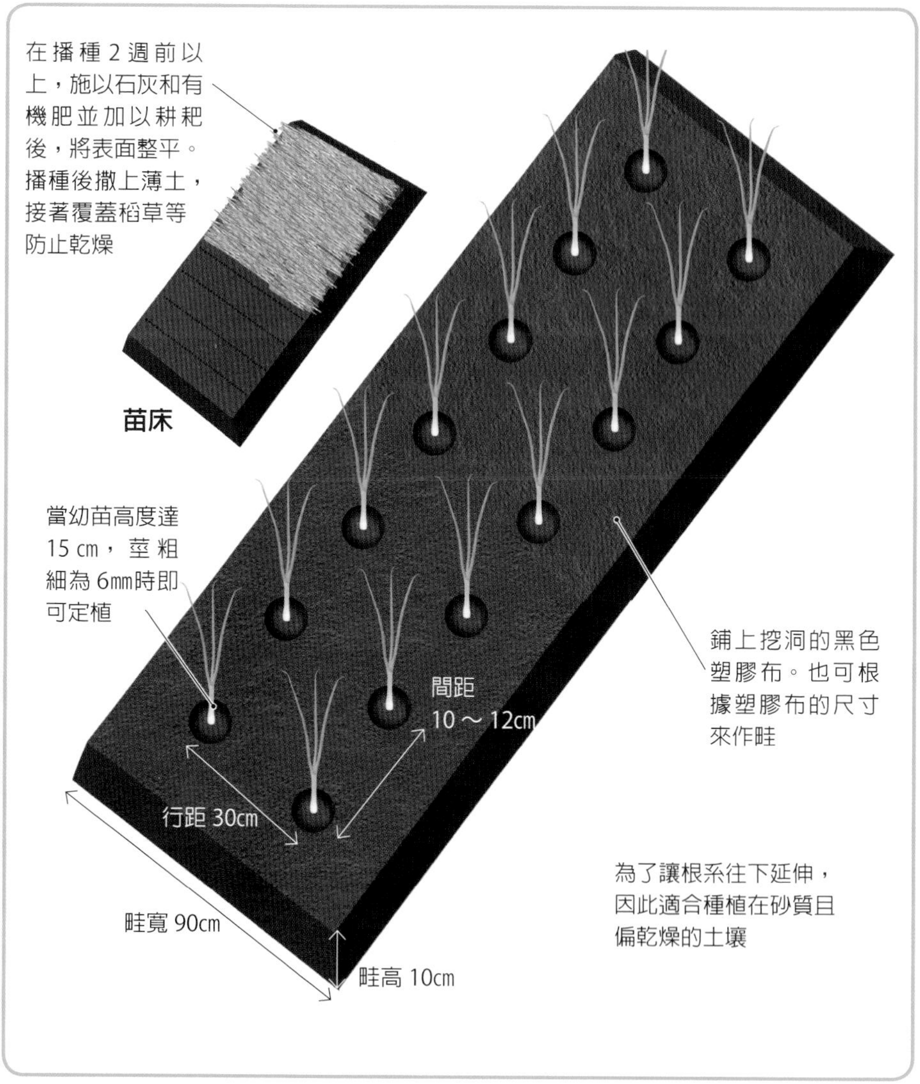
在播種 2 週前以上，施以石灰和有機肥並加以耕耙後，將表面整平。播種後撒上薄土，接著覆蓋稻草等防止乾燥
苗床
當幼苗高度達 15 ㎝，莖粗細為 6㎜時即可定植
間距 10 ～ 12㎝
行距 30㎝
畦寬 90㎝
畦高 10㎝
鋪上挖洞的黑色塑膠布。也可根據塑膠布的尺寸來作畦
為了讓根系往下延伸，因此適合種植在砂質且偏乾燥的土壤

定植時期

一般地區　11 月中旬～ 11 月下旬
寒冷地區　11 月上旬～ 11 月中旬
溫暖地區　11 月下旬～ 12 月上旬

田間準備

於定植 2 週前以上，施以堆肥、油粕及米糠等有機肥，並確實耕耙翻土。作畦後，鋪上挖洞的黑色塑膠布。

密技1

小苗密植

減少凍霜害，栽培出健壯的植株

※定植時期／田間準備／間距、畦高、畦寬，以第99頁為準。

洋蔥性喜密集生長，使植株能彼此碰觸密植，能互相使根系伸長至較深的位置。只要利用這種特性，就能用難以越冬的小苗進行栽培。

洋蔥如果在越冬之前，使苗株的莖部直徑成長超過6㎜以上，會因為接觸低溫而使花芽分化。如此一來，到了早春便會開花，儲存在鱗莖的養分就會轉移至花朵，而使鱗莖變硬。

因此越冬的洋蔥苗雖然越小越好，不過小苗也很容易受到霜柱等的影響而難以越冬。此外，在冬天所積蓄的養分也會變少，使春天的鱗莖無法順利肥大。

然而，將小苗密植能使根系較深，就不容易受到凍霜害。此外，也能在冬季充分儲存養分，到了春天鱗莖便能順利肥大。

小苗的密植是將莖部直徑4㎜左右的幼苗，以間距6～7㎝定植。由於間距狹小，一株株分別種植較困難，因此可以挖掘深3～5㎝的植溝後並排定植。

使用密植方式時，相同面積所需要的幼苗量，是一般栽培的2倍。不過採收的洋蔥大小，會比一般栽培的洋蔥稍小，主要是以M尺寸為主，因此收穫量（重量）大概是1．5倍。

如何種植?

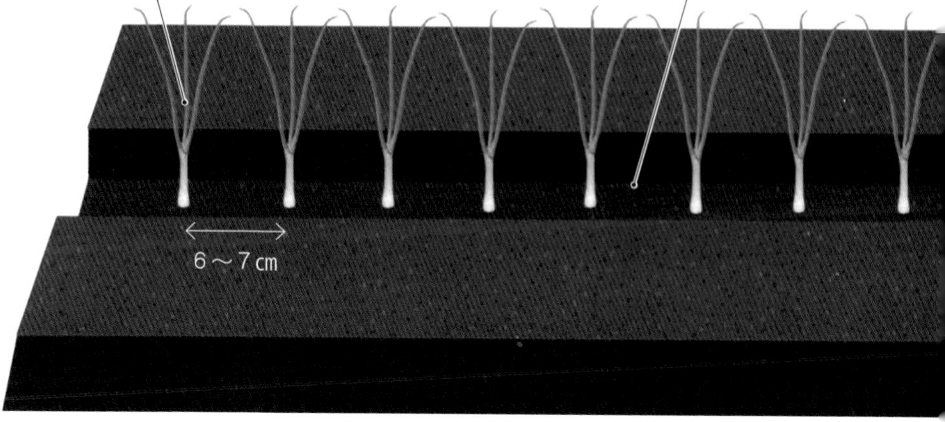
種子於 10 月上旬播種，育苗方式和一般栽培相同，當莖部直徑成長至 4㎜左右時，即可進行定植
挖掘深 3 ～ 5㎝的定植溝，將幼苗並排定植。不需要鋪設黑色塑膠布

會變成這樣！

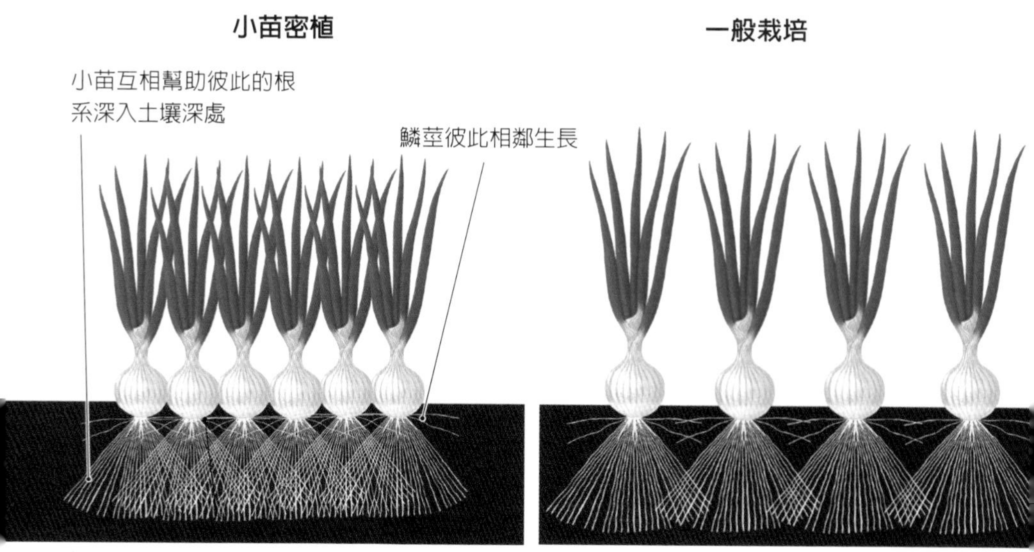

採收的洋蔥尺寸較小，約為 M 型（中型）大小。不過由於植株數量較多，相同面積比較之下，收成量是一般栽培的 1.5 倍

密技2

一個植穴種2株

讓定植更輕鬆，生長狀況佳

抑制洋蔥花芽分化的小苗密植（100頁），是將間距縮小的栽培法。不過這種方式的定植步驟較麻煩。

因此在每個植穴中種植2株幼苗，定植起來會比密植更加輕鬆，而且也能和密植一樣，打造出能讓根系互相往下方深入的環境。此外，這種定植方法也是和小苗密植一樣，使用莖部直徑4mm的小苗。

育苗方式和一般栽培相同，不過播種時間稍晚2週，大約在10月上旬進行。另外，就算是一般栽培，也無法讓所有苗株的大小一致，會出現部分小苗的情況。而播種時期一旦延遲，還有可能會出現幼苗長不大的狀況。在這些情況下，於每一個植穴栽種2株，是較有效的栽培方法。

定植於11月進行。每個植穴的間隔為10～12cm，於每個植穴中種植2株小苗，並使其根系彼此重疊定植。

在同一個植穴所種植的2株洋蔥，根系能在冬季充分儲存養分，到了早春便能使鱗莖肥大。也許有人會擔心鱗莖的形狀會扭曲，但其實洋蔥具有能抓住鱗莖的牽引根。牽引根會將鱗莖往外拉，所以2顆洋蔥都能呈現圓形而不歪曲。

※定植時期／田間準備／間距、畦高、畦寬，以第99頁為準。

如何種植？

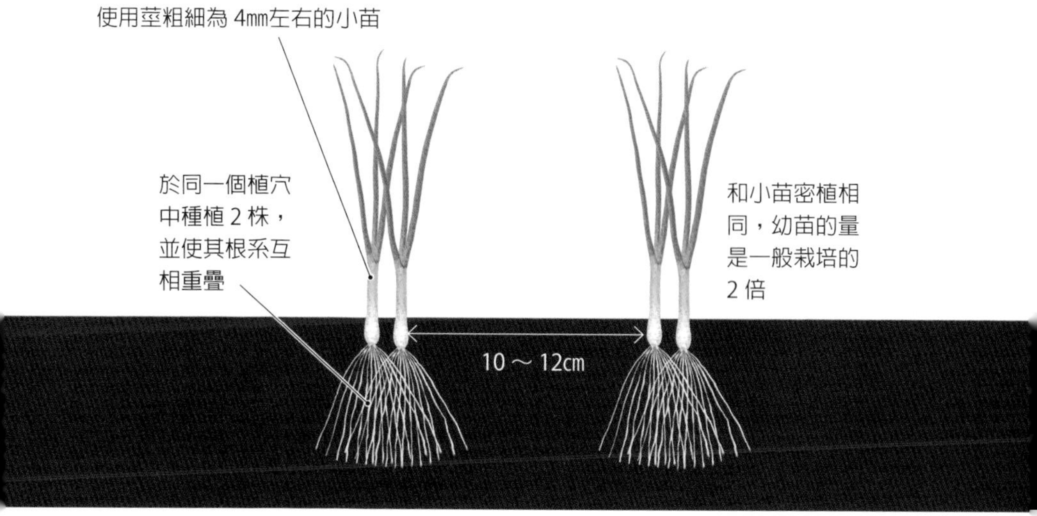
使用莖粗細為 4㎜左右的小苗
於同一個植穴中種植 2 株，並使其根系互相重疊
和小苗密植相同，幼苗的量是一般栽培的 2 倍
10 ～ 12㎝

會變成這樣！

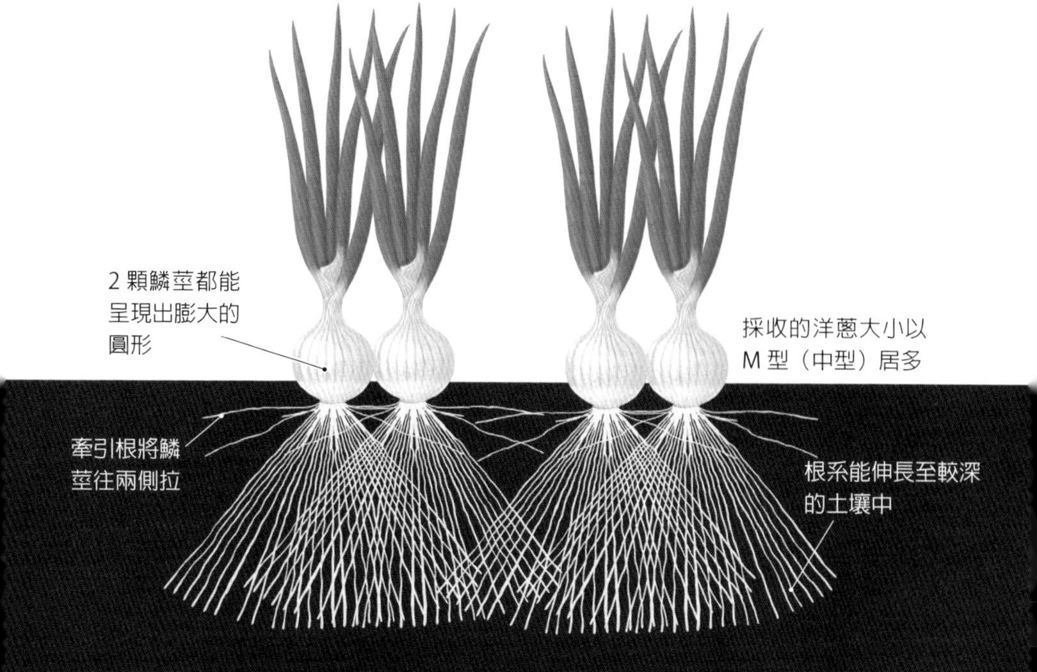
2 顆鱗莖都能呈現出膨大的圓形
採收的洋蔥大小以 M 型（中型）居多
牽引根將鱗莖往兩側拉
根系能伸長至較深的土壤中

密技3

防治害蟲及供給養分
和絳紅三葉草混植

※定植時期／田間準備／間距、畦高、畦寬，以第99頁為準。

冬季溫度低，洋蔥幾乎不會出現病蟲害的情況。但是一旦到了氣溫開始上升，鱗莖開始肥大的時期，薊馬便會寄生植株，使葉子呈現鋸齒啃食的蟲害情況。如果蟲害情況過於嚴重，甚至會使鱗莖無法順利肥大。薊馬體長約為1㎜，難以徒手去除。因此可在洋蔥的行間種植豆科牧草「絳紅三葉草※」，誘引捕食薊馬的花蝽等昆蟲到來，利用天敵進行害蟲防治。

育苗方式和一般栽培相同，定植後不需要鋪設黑色塑膠布，於行間種植絳紅三葉草。絳紅三葉草為冬季的牧草，因此是非常耐寒的植物。植株成長茂盛，因此也有助於防止洋蔥的乾燥和凍害。此外，豆科植物也能將空氣中的氮氣固定於土壤中，供給洋蔥養分。

到了初春之後，絳紅三葉草開始抽穗，盛開紅色的花。花朵就像蠟燭的火焰般，外觀也類似草莓果實，因此又有「草莓蠟燭」之稱。

豆科植物的花擁有較多的花蜜及花粉，絳紅三葉草會吸引各種昆蟲前來採集。在這些昆蟲之中，也包含了捕食薊馬的種類，因此薊馬便成為天敵的食物。

※絳紅三葉草：為豆科的一種牧草，學名為Trifolium incarnatum。

如何種植?

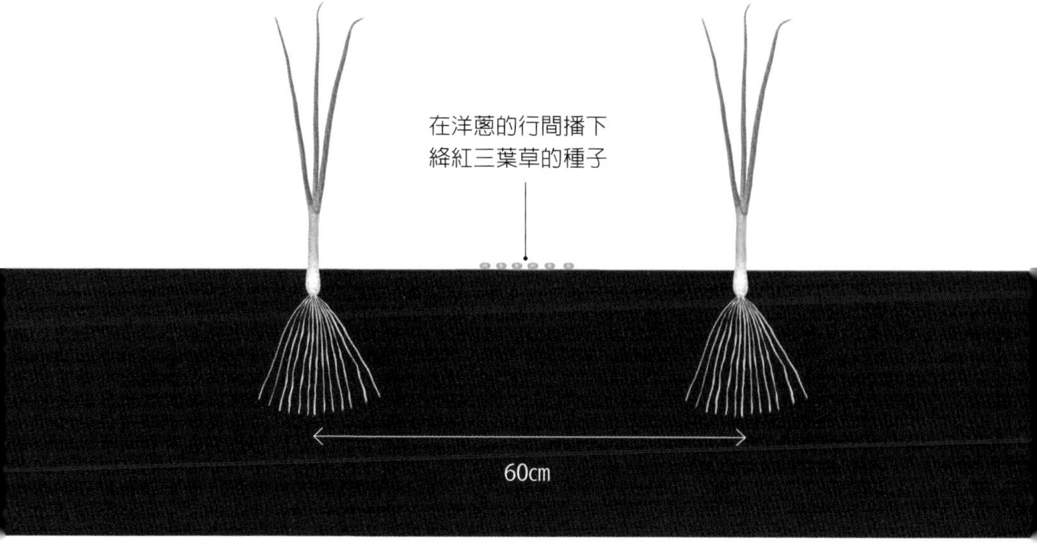
在洋蔥的行間播下
絳紅三葉草的種子
60cm

會變成這樣!

絳紅三葉草誘引昆蟲前來,捕食會食害洋蔥葉子的薊馬

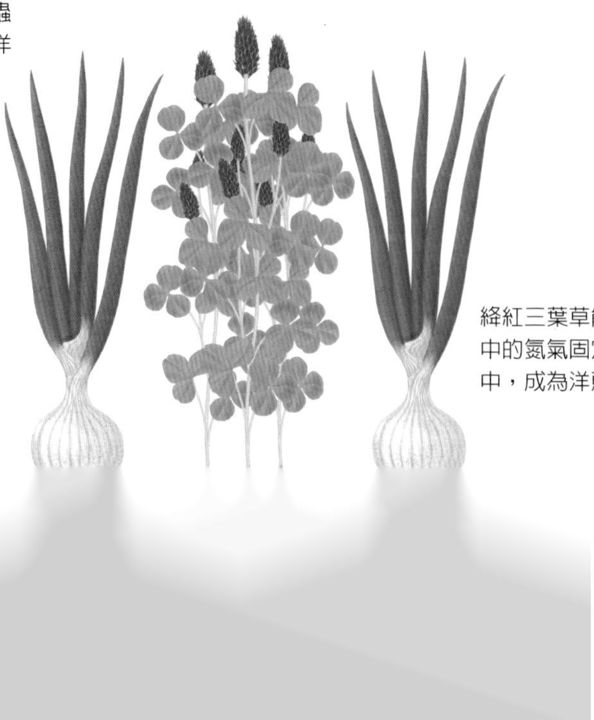

絳紅三葉草能將空氣中的氮氣固定於土壤中,成為洋蔥的養分

密技④

春季定植

防止凍霜害、促進生長

※定植時期／田間準備／間距、行距、畦高、畦寬，以第99頁為準。

於晚秋將小苗定植於田間並使其越冬的種植方式，很容易使苗株受到凍霜害。避免凍霜害的對策，包含了使根系深入土壤中的小苗密植（100頁）等，而在春天種植這種延遲定植的方式，也是一種有效的方法。另外，像是在北海道的春天播種初秋收成的種植方式，在關東以西會因為太熱而無法成長。

於春天定植時，田間應在秋季施以堆肥和有機肥後確實耕耙。在幼苗定植前由於時間較長，會長出雜草，所以在冬季可以進行2～3次的翻土，將細小的雜草翻入土中，避免生長過於茂盛。或是在定植的2週前耕地除草。定植前於田間鋪上透明塑膠布，可讓土壤溫度上升，促進幼苗定植後的存活及生長。

幼苗和一般栽培相同，於前年的秋天準備苗床進行育苗，接著在2月上旬天氣較溫暖的日子進行定植。這時候雖然氣溫仍低，但由於日照較長，所以根系已經開始活動。

幼苗在育苗床中未受到凍害影響，所以呈現出根系伸長的直立狀植株。定植後生長旺盛，到了3月下旬，生長狀況絕不亞於秋季定植的苗株。和一般栽培一樣於6月採收，不過洋蔥尺寸以M型大小居多，收穫量也稍少。

如何種植？

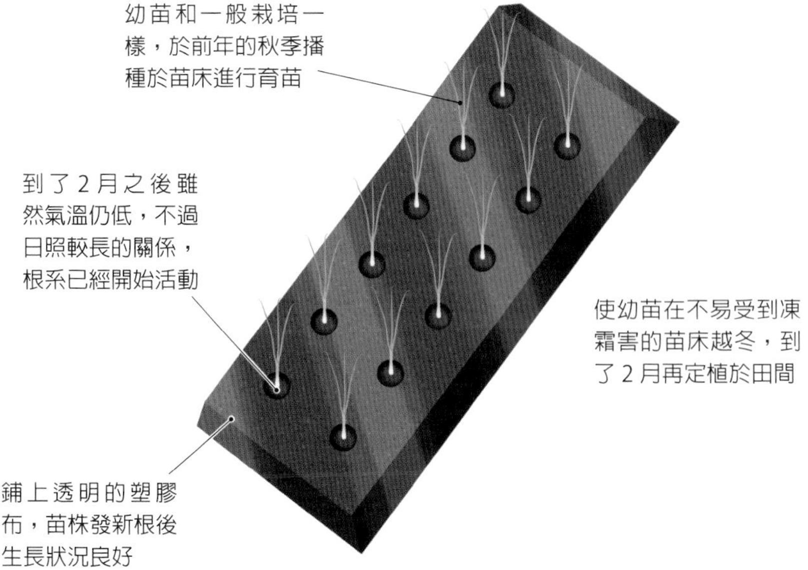
幼苗和一般栽培一
樣，於前年的秋季播
種於苗床進行育苗
到了2月之後雖
然氣溫仍低，不過
日照較長的關係，
根系已經開始活動
使幼苗在不易受到凍
霜害的苗床越冬，到
了2月再定植於田間
鋪上透明的塑膠
布，苗株發新根後
生長狀況良好

會變成這樣！

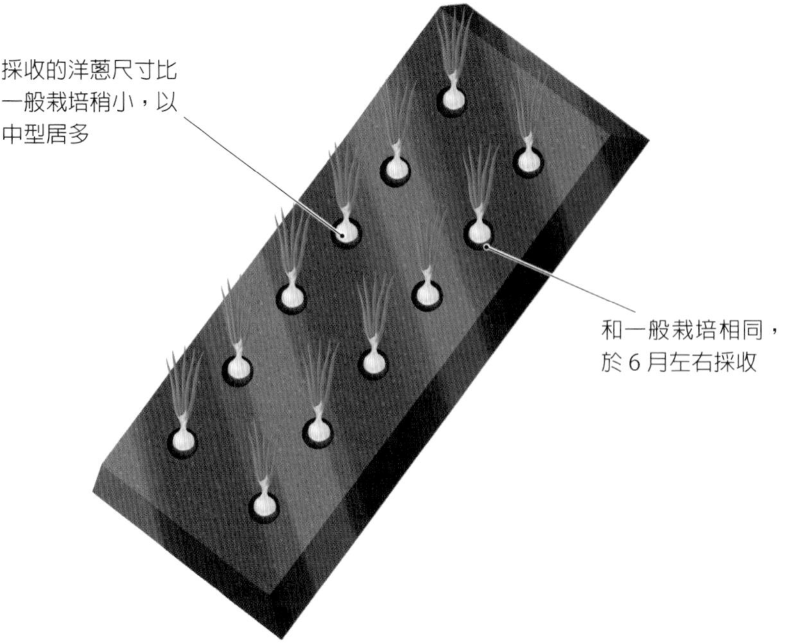
採收的洋蔥尺寸比
一般栽培稍小，以
中型居多
和一般栽培相同，
於6月左右採收

密技5

超延遲定植

在冬季享用新洋蔥

洋蔥的適合生長溫度為12～23℃，如果溫度超過30℃以上就會進入休眠停止生長。因此在北海道能於春季播種初秋收成，可是在關東以西卻會因為在鱗莖肥大之前溫度上升，而使植株的成長停止。反之，只要利用夏季休眠的特性，就能在12月下旬～1月中下旬採收當季的新洋蔥。

苗床的準備方式和一般栽培相同，種子則是於3月上～中旬播種。間隔比一般栽培稍寬，以1．5～2㎝間隔播種，並設置簡單的隧道保溫。當種子發芽後，會隨著氣溫上升而生長旺盛，這時候就可將隧道拆除。之後也不需要移植，直接在苗床栽培。

到了6月中旬，氣溫上升至23℃以上後，生長狀況會急速下降，到了30℃以上便會完全停止生長。地上部的莖葉枯萎進入休眠，這時候將鱗莖挖出來，以每10株綁成一束，於夏季吊掛在通風良好的背光處保存。

田間可於8月中～下旬施以成熟堆肥和有機肥，加以耕耙後作畦。將事先保存的鱗莖，於9月中～下旬，氣溫降至洋蔥的生長溫度時，便可將洋蔥以深2㎝、間隔10～12㎝進行定植。和冬季的栽培相異，不需鋪上塑膠布。於10～11月之間旺盛生長，11月下旬鱗莖開始肥大，到了12月下旬～1月中下旬就可採收。

※田間準備／間距、行距、畦高、畦寬，以第99頁為準。

如何種植？

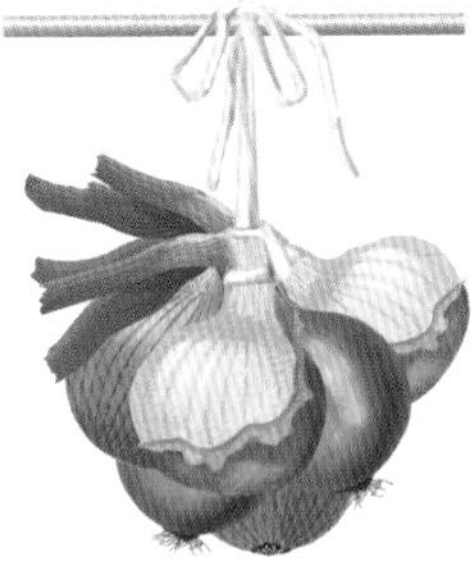

待地上部開始枯萎後將洋蔥挖起，將每 10 株綁成一束，於夏季吊掛在通風良好的陰涼處保存

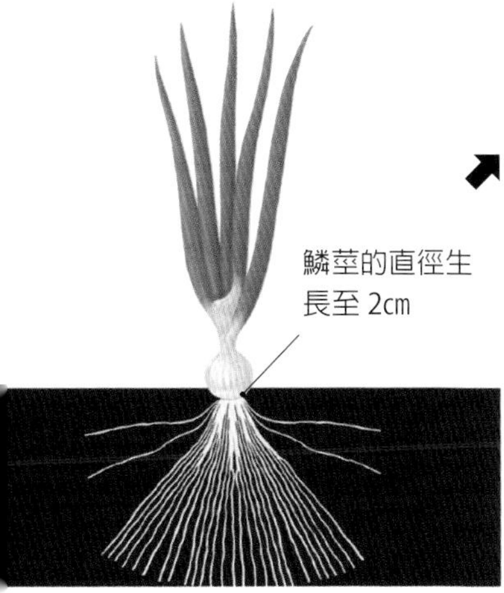

將事先保存的鱗莖以間隔 10 ～ 12㎝、深 2㎝定植

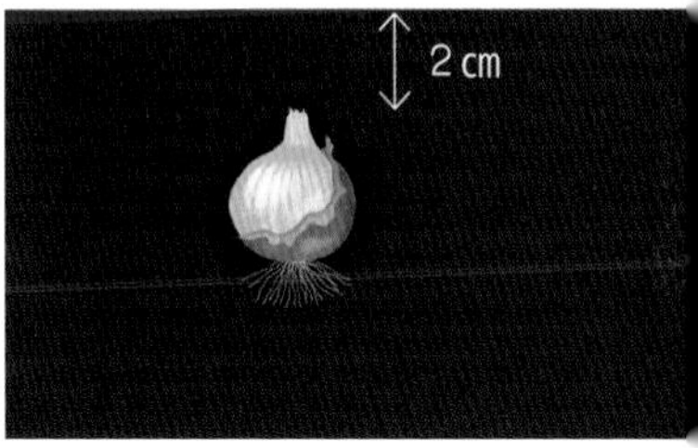

會變成這樣！

11 月下旬鱗莖開始肥大，到了 12 月下旬～ 1 月中下旬就可收成新洋蔥

大蔥

●分類　石蒜科
●原產地　中國

分成3～4次進行培土

蔥類喜好介於12～23℃的涼冷氣候。日本的蔥類可分成從中國南部引進、耐炎熱的青蔥，以及從中國北部引進、耐寒的大蔥（白蔥），青蔥主要是在關東以西，而大蔥則是主要在關東以北的地區栽培。

大蔥的栽培，是從苗床的育苗開始。育苗期非常長，從9月至隔年4月，因此在播種前3週以上，應在苗床施以牡蠣殼石灰、成熟堆肥，以及有機肥等肥料。種子於9月中旬播種。以1～1.5㎝間距播種後，用篩網等覆蓋土壤，接著鋪上稻草或不織布等。發芽後移開覆蓋物，當長出1～2片本葉時，可於行間施以油粕等有機肥當作追肥，並且撒上稻殼。

定植於田間的時期，也就是染井吉野櫻的開花期※。挖掘深10～15㎝的定植溝，將根系和葉子分別切斷一半，以幼苗之間的根系能互相觸碰到的間隔並排，最後將土壤覆蓋於基部。

當莖葉開始生長後，可於植株基部鋪上稻草，並且進行培土。另外，如果長出花蕾則將其摘除。當莖葉繼續長高，可施以有機肥當作追肥，並於上方鋪上薄薄一層稻草，接著將土堆於基部（培土），並注意不要覆蓋到葉子分支的部分。像這樣根據莖葉生長進行3～4次的培土，最後一次的培土不需要鋪稻草，也不用施以追肥。接著到了10月便可將大蔥挖起採收。

※染井吉野櫻開花期，在關東地區約為每年的3月底～4月初

基本的定植方法

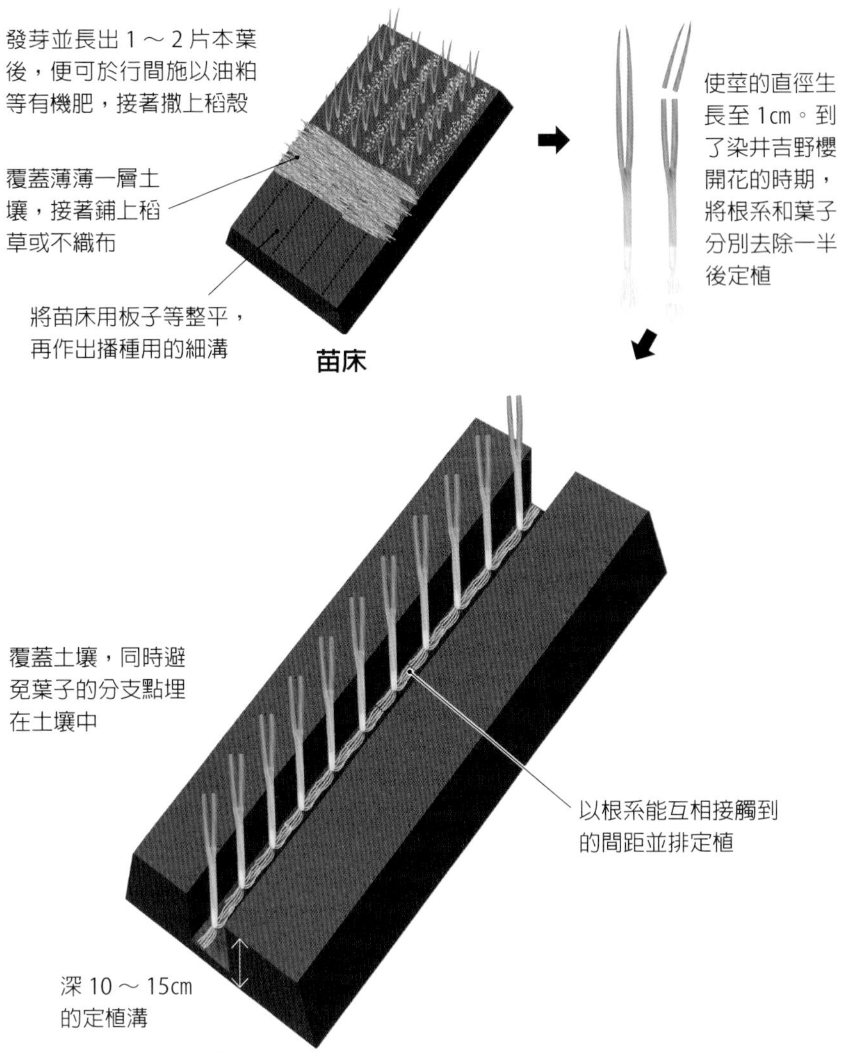
發芽並長出1～2片本葉後，便可於行間施以油粕等有機肥，接著撒上稻殼
覆蓋薄薄一層土壤，接著鋪上稻草或不織布
將苗床用板子等整平，再作出播種用的細溝
苗床
使莖的直徑生長至1cm。到了染井吉野櫻開花的時期，將根系和葉子分別去除一半後定植
覆蓋土壤，同時避免葉子的分支點埋在土壤中
以根系能互相接觸到的間距並排定植
深10～15cm的定植溝

定植時期

一般地區　4月上旬～4月中旬
寒冷地區　4月中旬～4月下旬
溫暖地區　3月下旬～4月上旬

田間準備

在欲定植的田間，於3月中旬施以牡蠣殼石灰、堆肥、油粕及米糠等有機肥，並確實耕耙土壤。接著作出陽光照射充足的南北畦。

密技①

深植

培土作業更輕鬆且耐乾燥

大蔥需要隨著生長進行培土，才能使白色部分增長。不過，不斷重複堆土（培土）會使畦逐漸增高，因此後半段的培土比較吃力。所以在定植的時候加深定植溝的深度，就能減輕培土時的勞力。不過，由於大蔥不喜多濕環境，所以比起排水不良的田間，較適合在排水良好的砂土中使用此方法栽培。

定植溝的深度為一般栽培的2倍，也就是挖掘30㎝左右的深溝。幼苗的準備方式和一般栽培相同，根系也同樣切掉一半，但是葉子的部分不需切除。在定植的時候，覆蓋土壤至植株的基部。另外在田間周圍挖掘深30㎝的排水溝，避免雨水流入。

當莖葉開始伸長後，繼續堆土於溝中，並且避免覆蓋到葉子分支的部分。這時候和一般栽培方式一樣，鋪上稻草、施以追肥，並且根據生長狀況重複3～4次。

大蔥不耐乾燥及高溫，到了夏季的乾燥時期，生長狀況會變差。深植栽培法能讓根系生長於土壤深處，所以不容易乾燥，減輕夏季的乾燥傷害。

深植栽培法會讓大蔥的軟白色部分，生長在土壤中較深的位置。所以在採收時容易因為鏟子等而損傷，挖掘的時候應仔細確認。

※定植時期／田間準備／間距，以第111頁為準。

如何種植？

深植　一般栽培

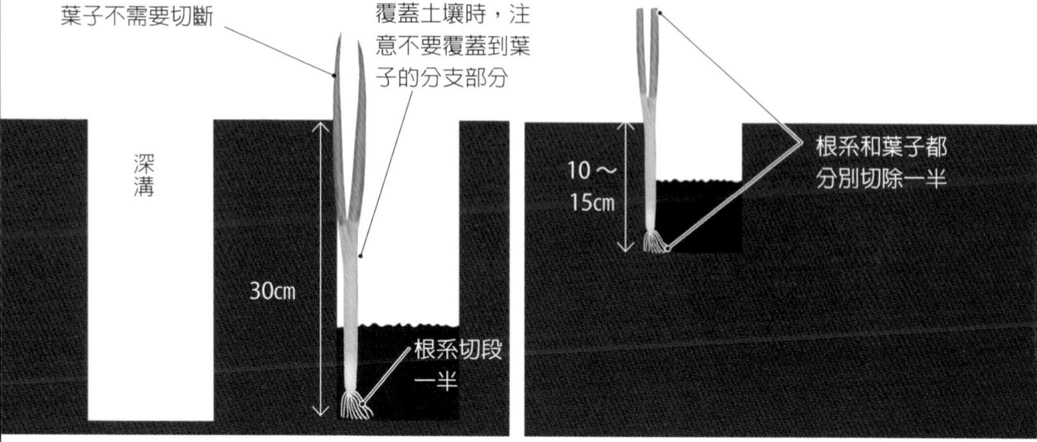
葉子不需要切斷
覆蓋土壤時，注意不要覆蓋到葉子的分支部分
深溝
30cm
根系切段一半
10～15cm
根系和葉子都分別切除一半

會變成這樣！

深植　一般栽培

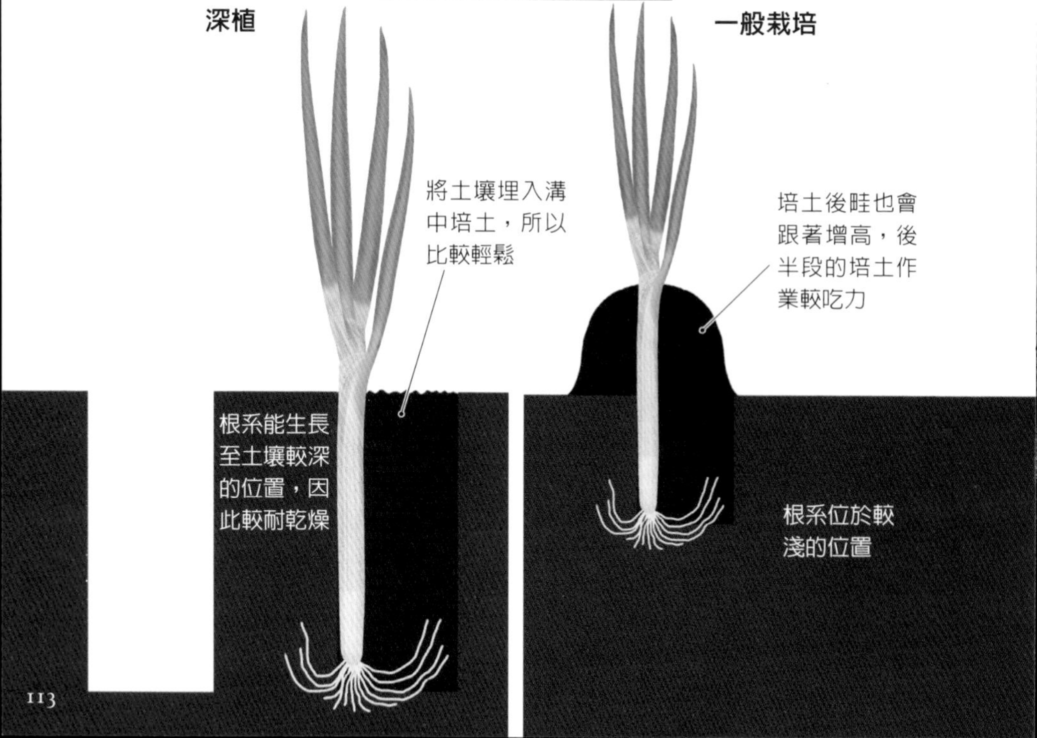
將土壤埋入溝中培土，所以比較輕鬆
根系能生長至土壤較深的位置，因此較耐乾燥
培土後畦也會跟著增高，後半段的培土作業較吃力
根系位於較淺的位置

密技 ②

3～5根斜向定植

能採收柔軟且高品質的大蔥

※定植時期／田間準備，以第111頁為準。

大蔥性喜密集種植，生長勢會比1株種植還要良好。此外，使植株間的葉鞘（白色部分）彼此接觸生長，也能讓白色部分更柔軟，採收高品質的大蔥。

苗株的準備方式和一般栽培相同。田間於定植3週前以上，施以成熟堆肥和有機肥料後加以耕耙。定植溝深度為20㎝，將苗株傾斜約30度定植。以15～20㎝的間距，將根系和葉子分別切除一半，以每3～5根集中在一處，使苗株斜躺在溝中斜向定植。

培土方式和一般栽培一樣，每當莖葉伸長後分成3～4次進行，並且避免覆蓋至葉子的分支部分。

若將大蔥一株株分離定植，會因為葉子展開而加速老化，使得葉鞘變硬變老。另一方面，密集種植能使大蔥互相競爭生長，減少葉子展開的情況。此外，斜向種植也能使大蔥在土壤中軟化。採收時若只挖掘部分，要注意勿傷及種植在旁邊大蔥的軟白色部分。

到了11月中旬之後將所有大蔥挖起，並再次密集種植在20㎝的植穴中，到了早春便能繼續享用柔軟的大蔥。

如何種植？

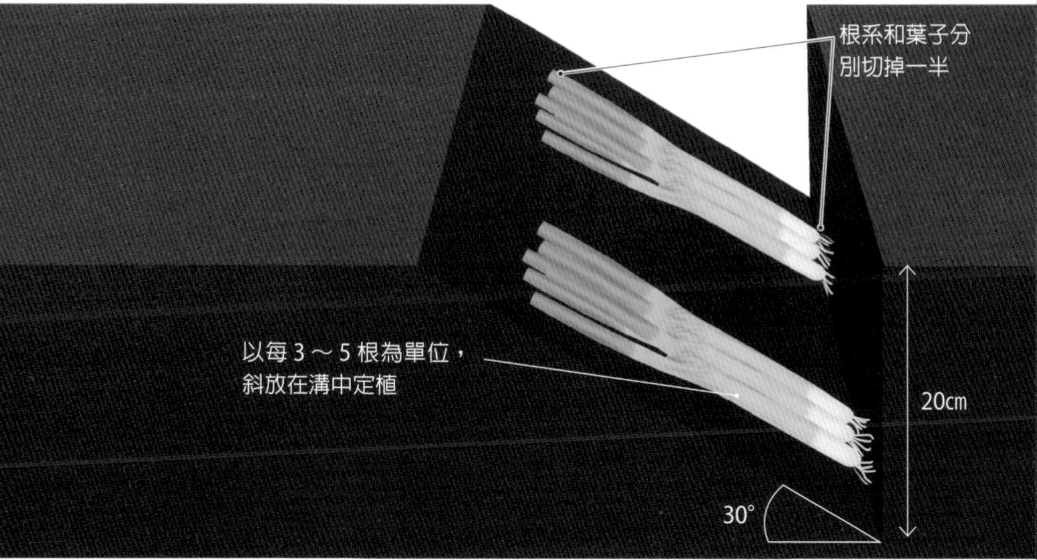
根系和葉子分
別切掉一半
以每 3 ～ 5 根為單位，
斜放在溝中定植
20cm
30°

會變成這樣！

將斜向定植的大蔥分
成 3 ～ 4 次進行培土
由於植株之間互相競
爭，所以不容易展開葉
子，而白色部分也能更
加柔軟

菠菜

●分類　莧科
●原產地　高加索地區

全年皆可栽培

菠菜喜好介於8～18℃的涼冷氣候。具有耐寒性及耐熱性，雖然可通年栽培，但是在夏季栽培時，硝酸及草酸濃度會提高，品質也會下降。最美味的季節是冬季，若在秋季播種，糖度及營養價值都比較高。

菠菜不喜酸性土壤，性喜肥料豐沃的土壤。另外，直根會往深處生長。因此田間應於播種3週前以上，施以牡蠣殼等有機質石灰、成熟堆肥，以及有機肥等，並加以深耕。播種當天將土壤表面用板子等整平，作出深10㎜×寬20㎜×行距12㎝的播種溝。種子以5～10㎜的間距播種後，再用篩網覆蓋上土壤。

菠菜的生長是由發芽的好壞來決定。若土壤能與種子緊密接觸，就會使發芽狀況良好。若用手握土壤會結塊、按壓後崩裂，代表土壤中含有適量水分，這時候可將板子放在土壤表面，用手輕輕按壓以壓平土壤。如果土壤乾燥，就算握緊土壤也無法結塊時，則用腳踏土壤用力壓平。土壤乾燥狀況較嚴重時，應充分灌溉並放置1～2天，待土壤呈現於適量水分的狀態後再播種。

種子發芽並長出1片本葉時可進行間拔，疏苗至間距為3～4㎝。當植株的高度成長至5～6㎝後，則疏苗至間距為6～10㎝，並於行間施以油粕等追肥。植株高度達25～30㎝便可採收。胚軸的紅色部分越大，代表植株越甜。

基本的播種方法

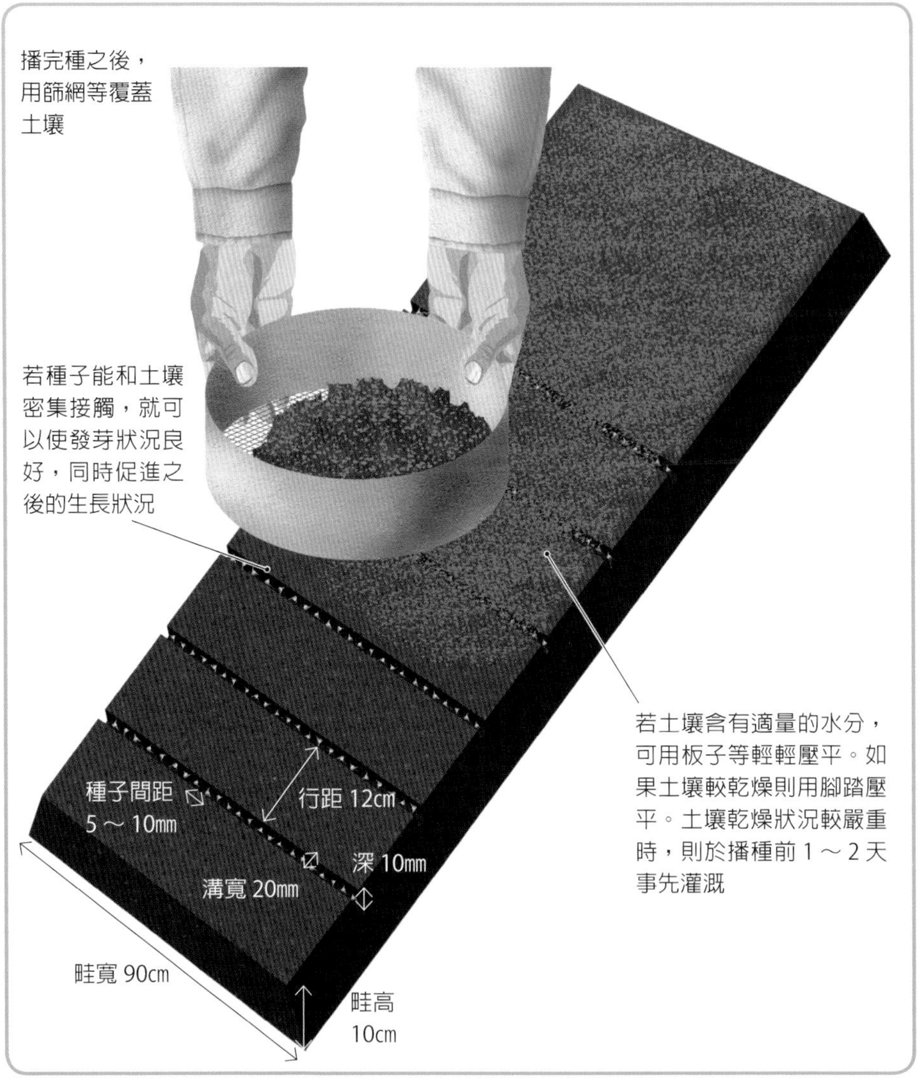
播完種之後，
用篩網等覆蓋
土壤
若種子能和土壤
密集接觸，就可
以使發芽狀況良
好，同時促進之
後的生長狀況
若土壤含有適量的水分，
可用板子等輕輕壓平。如
果土壤較乾燥則用腳踏壓
平。土壤乾燥狀況較嚴重
時，則於播種前 1 ～ 2 天
事先灌溉
種子間距
5 ～ 10mm
行距 12cm
深 10mm
溝寬 20mm
畦寬 90cm
畦高
10cm

播種時期

一般地區　8 月下旬～ 9 月上旬
寒冷地區　8 月中旬～ 8 月下旬
溫暖地區　9 月中旬～ 9 月下旬

田間準備

於定植 3 週前以上，施以牡蠣殼等有機石灰、成熟堆肥、油粕和米糠等有機質肥料，並確實深耕 20cm。

密技 1

延遲定植

藉由寒冷來提高糖度和營養價值

※田間準備/間距、行距、畦高、畦寬，以第117頁為準。

菠菜的生長適溫範圍較廣，因此通年皆可栽培。但是於夏季生長的菠菜葉子較薄，不甚美味。另一方面，栽培於寒冷季節的菠菜，植株為了提高耐寒性，會將糖分堆積在葉子和胚軸部分。所以在秋至冬季採收的菠菜，葉子肥厚且品質極佳。尤其是越冬後的菠菜，糖度也能因此而提高。菠菜的耐寒性強，甚至在零下10℃的低溫環境也能存活。因此刻意延後播種時期，就能栽培出冬季的高品質菠菜。

延遲播種是在秋季菠菜開始採收的9月下旬～10月中旬播種。必須在冬季來臨之前，使植株高度成長至5～6㎝以上，否則會使植株因凍霜害而枯死，或是完全停止生長，因此要注意播種期切勿太晚。

另外，冬季到來的時期，每年都會有些許差異。因此延遲播種的菠菜，有可能會因為年分的差異而無法越冬。想要確保採收時，建議不要全部使用延遲播種，應將部份維持在一般栽培方式。

隨著溫度下降，幼苗的生長也會越來越慢，所以可架設有洞的塑膠隧道來防寒。如此一來，植株不僅在冬季能順利生長，也能減少因凍害造成的枯葉。

如何種植？

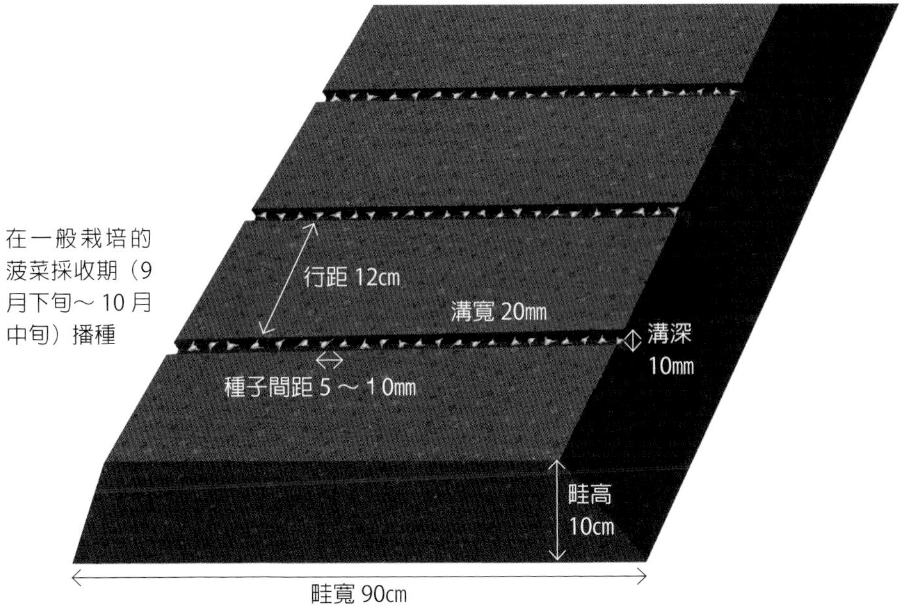
在一般栽培的菠菜採收期（9月下旬～10月中旬）播種
行距 12㎝
溝寬 20㎜
溝深 10㎜
種子間距 5～10㎜
畦高 10㎝
畦寬 90㎝

會變成這樣！

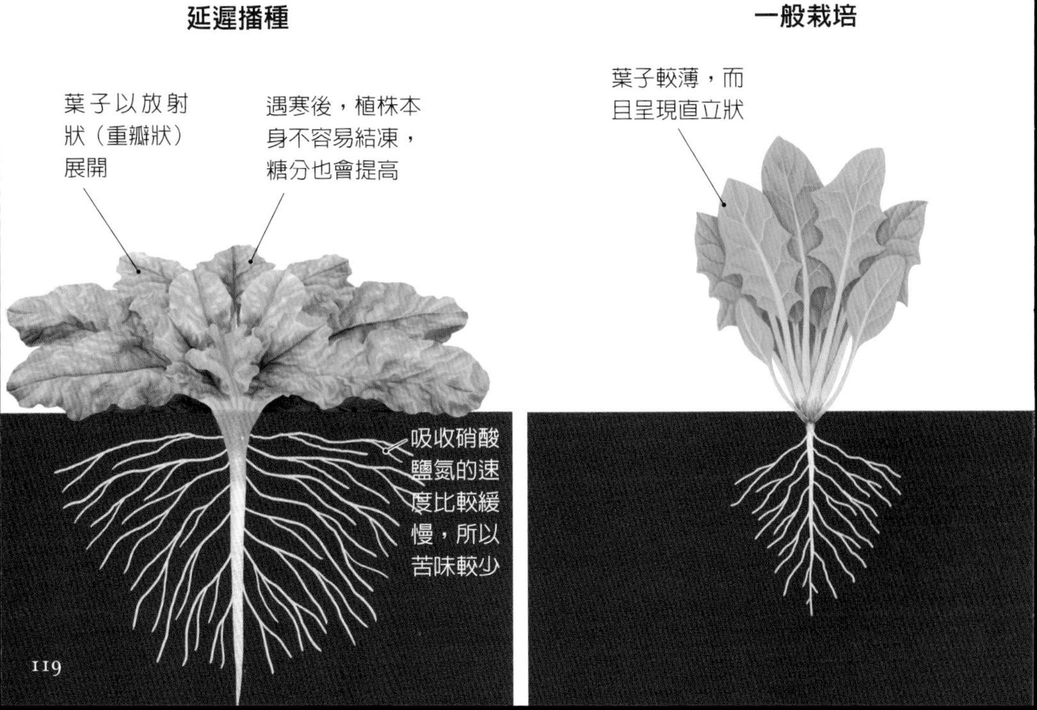
延遲播種
葉子以放射狀（重瓣狀）展開
遇寒後，植株本身不容易結凍，糖分也會提高
吸收硝酸鹽氮的速度比較緩慢，所以苦味較少
一般栽培
葉子較薄，而且呈現直立狀

紅蘿蔔

●分類　繖形科
●原產地　阿富汗

使種子和土壤緊密接觸

紅蘿蔔喜好的生長環境介於12～28℃的偏涼冷氣候。任何土壤條件下都能栽培，因此是家庭菜園常見的蔬菜種類之一，不過缺點是發芽狀況比較差。雖然市面上也有販售促進發芽的披衣種子（coating），但是在這裡介紹一般種子（未經過披衣處理）的播種方法。

紅蘿蔔不太需要肥料，如果田間於春天栽培過蔬菜，只要用殘肥就能進行栽培。若是第一次栽培蔬菜，或是土壤過於貧瘠的田間，則可施以有機肥。若根部接觸到尚未成熟的有機物，就會產生分岔根，所以應使用成熟堆肥當作肥料。

繖形科植物會有互相競爭的特性，密集種植能促進生長旺盛。因此將種子以0．5～1㎝的間距播種。發芽會受到土壤水分含量的影響。用手握土壤會崩裂的程度最佳，這時候只要輕輕覆蓋上一層土，再用腳踏壓平。栽培於黏土質地等不容易乾燥的土壤時，當土壤一旦結塊就會抑制發芽，所以不需要壓平。

當種子發芽後，分2次進行疏苗。第1次是幼苗高度為4～5㎝的時候，間拔至間距為5～6㎝。第2次則是在根的粗細達到5㎜左右時，間拔至間距為10～15㎝。

一般都是在年底之前採收，不過紅蘿蔔會往土壤下方生長肥大，而且耐凍霜害強，因此可以直接越冬。不需要一次採收，可以等周圍的土壤裂開，確認根部肥大後再拔起。

基本的播種方法

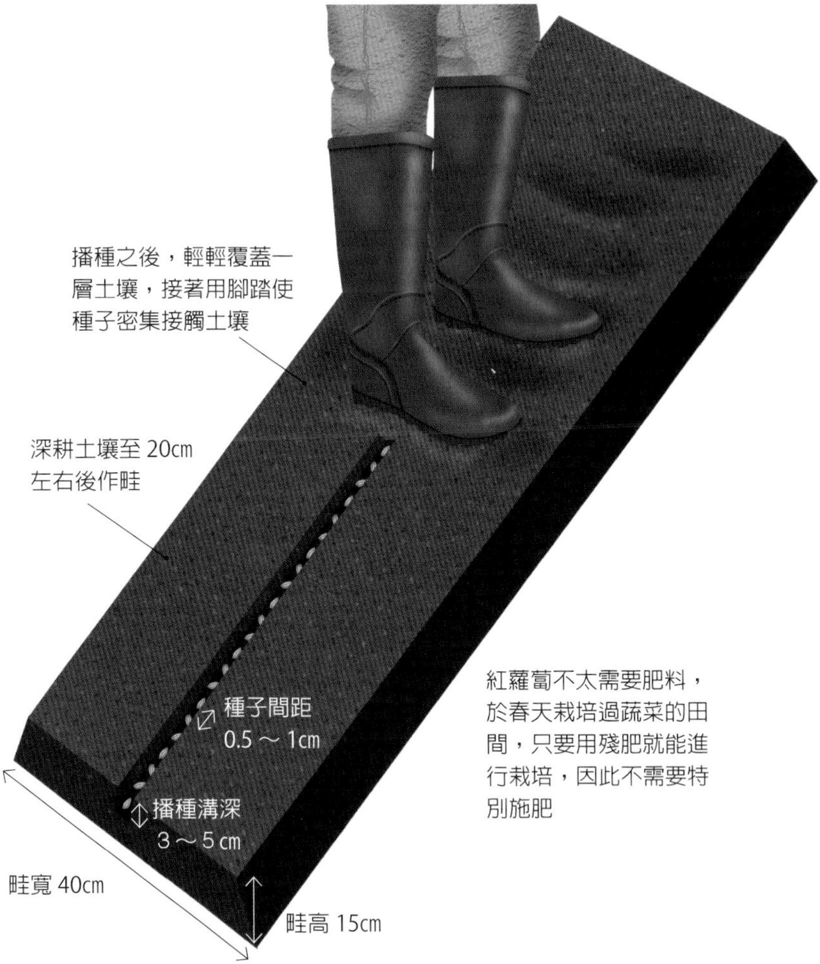
播種之後，輕輕覆蓋一
層土壤，接著用腳踏使
種子密集接觸土壤
深耕土壤至 20cm
左右後作畦
紅蘿蔔不太需要肥料，
於春天栽培過蔬菜的田
間，只要用殘肥就能進
行栽培，因此不需要特
別施肥
種子間距
0.5 ～ 1cm
播種溝深
3 ～ 5 cm
畦寬 40cm
畦高 15cm

播種時期

一般地區	7 月下旬～ 8 月上旬
寒冷地區	8 月中旬～ 8 月下旬
溫暖地區	9 月中旬～ 9 月下旬

田間準備

若是第一次種植蔬菜，或是土壤貧瘠的田間，可於播種 3 週前以上施以有機肥。忌施以未成熟的有機肥料。

密技❶

延遲播種

能在春天採收高品質的紅蘿蔔

紅蘿蔔屬於生長適溫範圍廣，能播種期間較長的蔬菜。另外，由於耐凍霜性強，若直接播種於田間，也能直接越冬。

雖然要在秋季讓幼苗成長至一定大小，才具有耐寒性，不過若幼苗成長至5cm以上之後再歷經低溫，便會使花芽分化，越冬後就會開花。此外，於早春根部肥大時，也很容易從子葉部分裂開。

另一方面，若延遲播種，並使處於保溫狀態的小苗越冬，過了3月也不會開花，到了春天就能採收高品質的紅蘿蔔。一般栽培時，會於7月下旬～8月上旬播種，到了11月上旬採收。而延遲播種則是在10月中旬以後播種，當幼苗高度達3～4cm時，再間拔至間距5～6cm。

由於播種時期較晚，所以到了冬天苗株仍然非常小，無法直接越冬。因此在11月中旬至2月下旬之間，應架設有洞的塑膠隧道確實保溫。

直到2月上旬之前，由於低溫的關係幼苗幾乎不太會成長。之後隨著日照時間變長，就會開始急速成長，並且開始肥大。根的粗細成長至5mm左右時，間拔至間距為10～12cm。如果在溫暖地區栽培，到了3月下旬之後就可以開始採收。

※田間準備／畦高、畦寬，以第121頁為準。

如何種植？

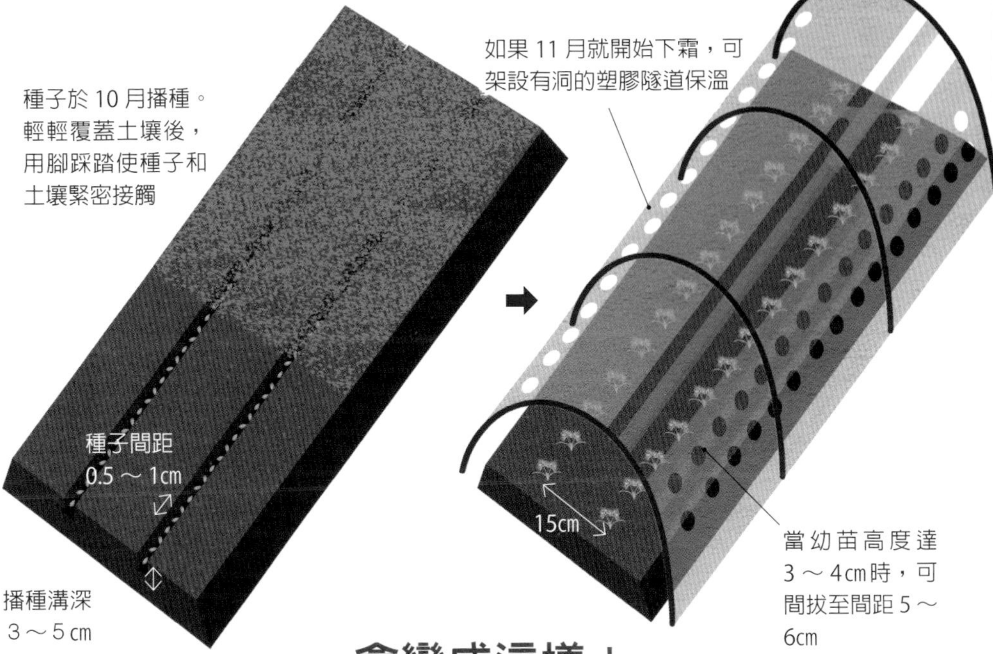
種子於 10 月播種。
輕輕覆蓋土壤後，
用腳踩踏使種子和
土壤緊密接觸
種子間距
0.5 ～ 1cm
播種溝深
3 ～ 5 cm
如果 11 月就開始下霜，可
架設有洞的塑膠隧道保溫
15cm
當幼苗高度達
3 ～ 4cm時，可
間拔至間距 5 ～
6cm

會變成這樣！

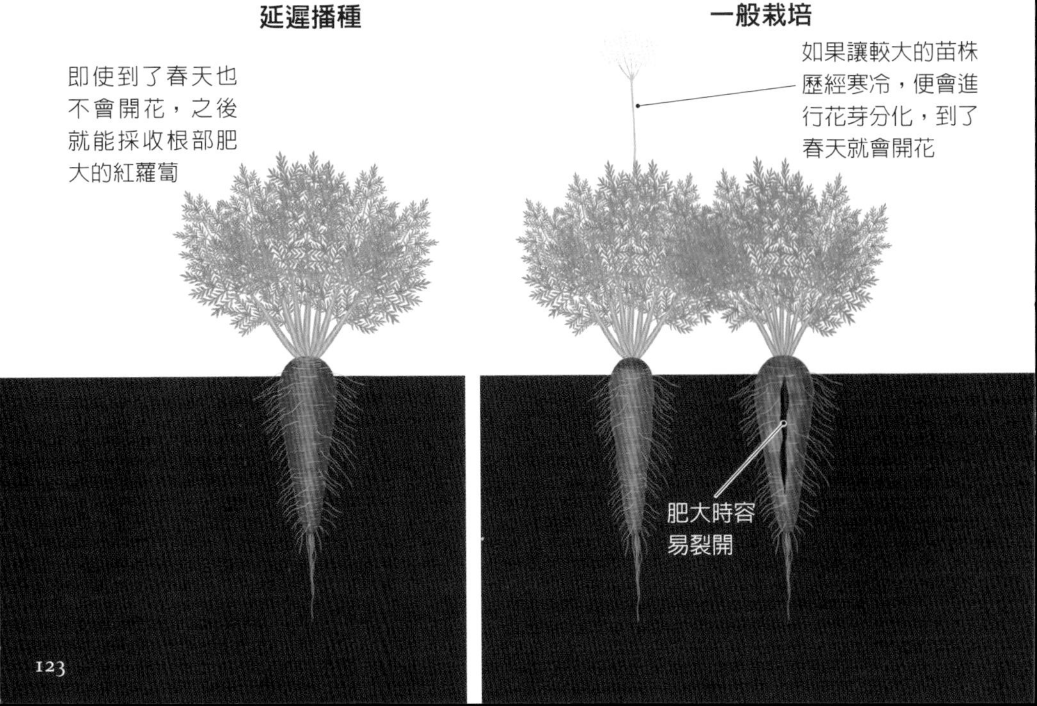
延遲播種
即使到了春天也
不會開花，之後
就能採收根部肥
大的紅蘿蔔
一般栽培
如果讓較大的苗株
歷經寒冷，便會進
行花芽分化，到了
春天就會開花
肥大時容
易裂開

白蘿蔔

●分類　十字花科
●原產地　地中海沿岸～中亞

密集播種能促進生長

白蘿蔔喜好介於12～28℃的偏涼冷氣候。和紅蘿蔔一樣，不挑土壤、栽培簡單，是家庭菜園常見的蔬菜種類之一。

一般而言，十字花科蔬菜會將果實（角果）彈開，使種子分散於周圍。然而白蘿蔔卻是讓角果直接掉落於地面，因此性喜密集播種。

種子以30㎝間距，在直徑3～5㎝的植穴中，播下5～6顆種子。種子會同時發芽，所以可分成3次疏苗。第1次為長出1片本葉時，進行間拔留下3株幼苗。第2次是長出3～4片本葉後，留下2株幼苗。最後一次是等到本葉6～7片之後，間拔至1株幼苗。白蘿蔔會長出和子葉相同方向的側根，所以在疏苗時應選擇留下子葉和畦呈現直角的植株，避免和相鄰的植株互相競爭養分及水分。

播種之後的60～70天即可開始採收。如果太慢收成，就會產生許多氣孔。到了12月上旬之後，會因為氣溫下降而造成生長停止，這時候可用稻草包覆，或是拔起後再埋入土中直到蘿蔔頭的部分，到了春天仍然能繼續採收食用。

白蘿蔔一旦受到壓力，會產生辣味的來源成分「硫代配醣體（glucosinolate）」。因此如果栽培環境過於乾燥、潮濕，或是移動植株等，就會使蘿蔔變辣。反之，若在適當的時期和地區栽培的白蘿蔔，因為壓力少所以偏甜，像是東京的練馬或三浦等白蘿蔔產地就是由此而來。

基本的播種方法

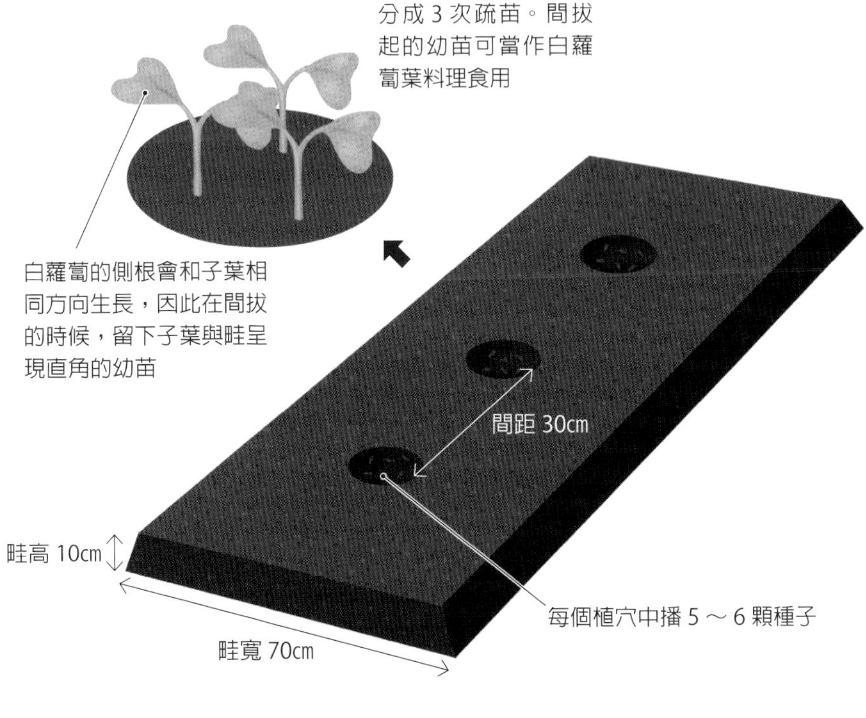
分成 3 次疏苗。間拔起的幼苗可當作白蘿蔔葉料理食用
白蘿蔔的側根會和子葉相同方向生長，因此在間拔的時候，留下子葉與畦呈現直角的幼苗
間距 30cm
畦高 10cm
每個植穴中播 5 ～ 6 顆種子
畦寬 70cm

播種時期

一般地區　8 月中旬～ 8 月下旬
寒冷地區　8 月上旬～ 8 月中旬
溫暖地區　9 月上旬～ 9 月中旬

田間準備

只需少量肥料。於播種前 4 週施以伯卡西肥，並加以深耕 20cm。忌施以未成熟的有機肥料。

密技 1

平地也能在夏季收成白蘿蔔

和芋頭混植

※田間準備以第125頁為準。

白蘿蔔的生長適溫範圍廣，春季和秋季都能栽培。不過由於白蘿蔔比較不耐高溫，所以夏季在平地栽培較困難，夏季蘿蔔大多是以高冷地區產地為主。但是若利用芋頭的遮陰效果，在平地也能栽培夏季蘿蔔。

另外，夏季蘿蔔的害蟲蛀食問題嚴重，偶爾還會出現整體毀壞的情況。不過若和芋頭混植的話，芋頭的大片葉子能當作屏障，減少白蘿蔔害蟲飛來的情況。

但是就算有遮陰，也會因為高溫而受到壓力，和春季及秋季的蘿蔔相比辣味較明顯。

芋頭可於4月下旬～5月上旬，在東西向的畦上定植。而白蘿蔔的種子則是在芋頭葉子充分長高的6月上～中旬，播種於形成遮陰處的芋頭北側。疏苗和一般栽培一樣實施3次。第1次為長出1片本葉時，進行間拔留下3株。第2次是長出3～4片本葉時，留下2株幼苗。最後一次是等到本葉6～7片之後，間拔至1株幼苗。

疏苗時期差不多也是梅雨季。一般而言，不會將白蘿蔔的幼苗進行移植，但是由於連續的陰天或雨天，可以將間拔起來的幼苗，重新種植在芋頭北側的空位。不過，移植後的白蘿蔔會因為高溫和根系的斷裂，而受到強烈的壓力，所以味道既苦又辣。因此這時候建議可食用葉子而非根部。

如何種植？

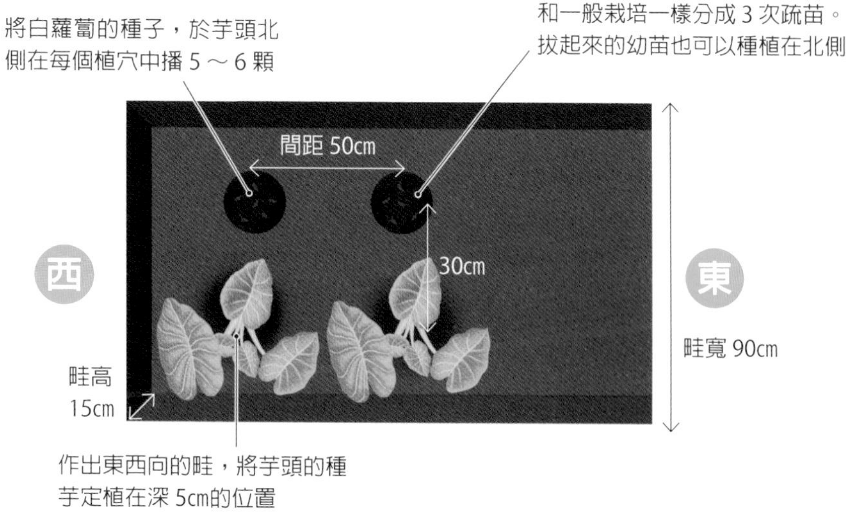
將白蘿蔔的種子，於芋頭北側在每個植穴中播 5～6 顆
和一般栽培一樣分成 3 次疏苗。拔起來的幼苗也可以種植在北側
間距 50cm
30cm
西
東
畦寬 90cm
畦高 15cm
作出東西向的畦，將芋頭的種芋定植在深 5cm的位置

會變成這樣！

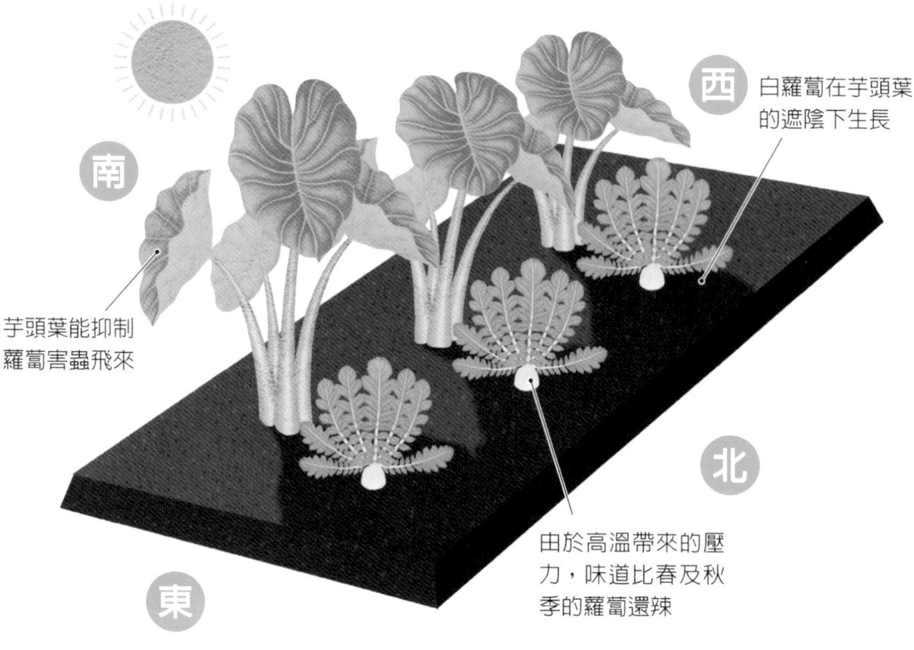
西
白蘿蔔在芋頭葉的遮陰下生長
南
芋頭葉能抑制蘿蔔害蟲飛來
北
由於高溫帶來的壓力，味道比春及秋季的蘿蔔還辣
東

馬鈴薯

●分類　茄科
●原產地　南美

基本上將芽面朝上定植

馬鈴薯的生長適溫為12～23℃，性喜涼冷氣候，當氣溫上升至30℃以上時，便會完全停止生長。在日本國內可在春季和秋季進行2次栽培，因此也有「二度芋」之稱。

馬鈴薯是由種薯開始栽培。準備好種薯專用的薯塊，放置在光線微弱通風良好的位置使其發芽（浴光催芽）。當種薯長出2～5㎜的芽後，便可將匍匐莖（用哺乳類動物來比喻就像是肚臍）和原有植株連接的肚臍部位切除。接著再縱切使每塊種薯都有2～3個芽點，切出每塊約重40～60g的種薯。馬鈴薯的導管是從匍匐莖開始縱向延伸，因此橫切的話會將導管切斷而無法發芽，因此要注意切除方向。為避免病原菌的感染，切好的種薯應放置於陰涼處乾燥，使切口形成癒合組織（覆蓋傷口的增生組織）。

定植時，於畦上挖掘10㎝深的定植溝，將種薯的芽朝上（切口朝下），以間距30㎝放在定植溝中，最後蓋上土壤。當種薯萌芽後，留下3～4根發芽數較多、生長勢較強的植株，其餘枝條切除。當植株成長至20㎝左右時，可以將厚4～5㎝的土壤堆在基部進行培土，2週後也以同樣方式進行培土。到了6月之後，植株的生長會隨著氣溫上升而變緩慢。當地上部開始黃化後，便可於晴天挖掘，挖起來的馬鈴薯應放置於田間半天，使表皮乾燥之後再儲存。

基本的定植方法

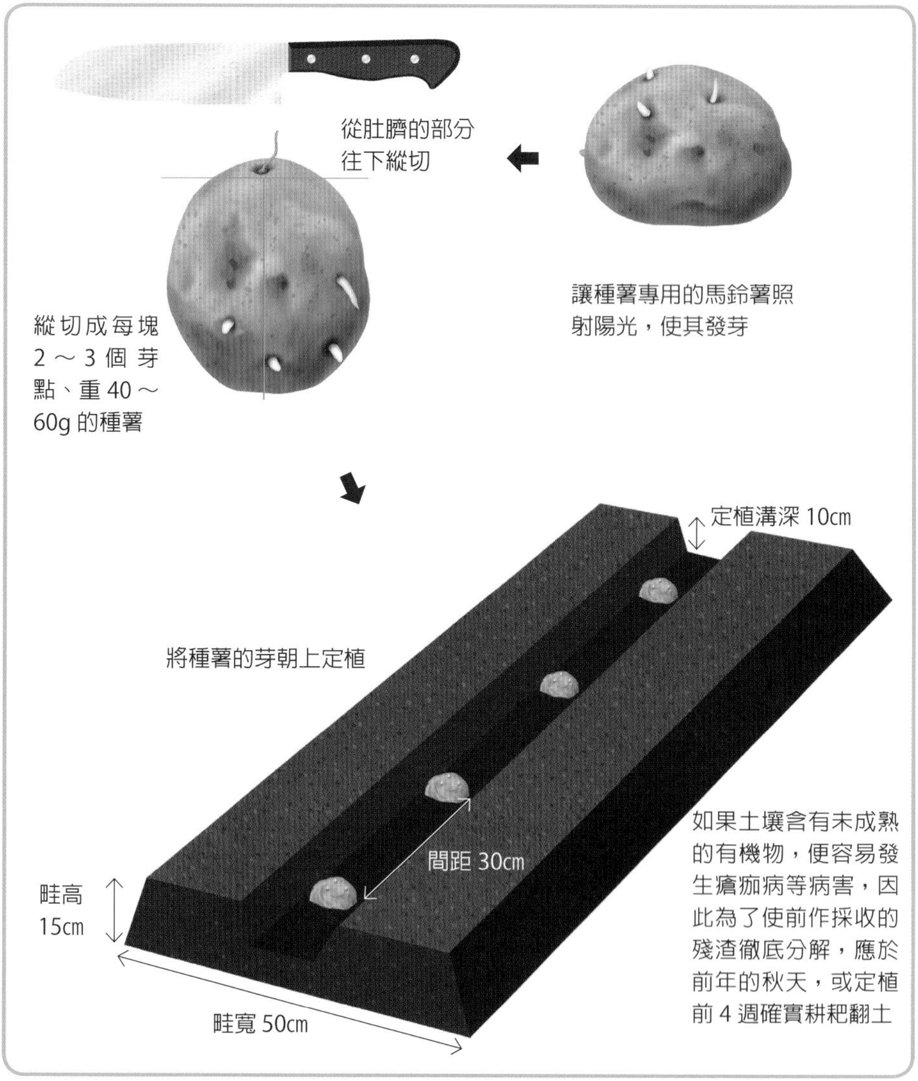
從肚臍的部分
往下縱切
讓種薯專用的馬鈴薯照
射陽光，使其發芽
縱切成每塊
2～3 個芽
點、重 40～
60g 的種薯
定植溝深 10cm
將種薯的芽朝上定植
間距 30cm
如果土壤含有未成熟
的有機物，便容易發
生瘡痂病等病害，因
此為了使前作採收的
殘渣徹底分解，應於
前年的秋天，或定植
前 4 週確實耕耙翻土
畦高
15cm
畦寬 50cm

定植時期

一般地區　3 月下旬和 9 月上旬
寒冷地區　6 月上中旬
溫暖地區　3 月中旬和 9 月中旬

田間準備

低營養也能生長。不使用堆肥，若要施肥，應於前年秋天或定植 4 週前以上施以伯卡西肥，並確實翻土。

密技1

逆向定植

讓摘芽作業更輕鬆，提升抗病蟲害能力

通常馬鈴薯的種薯，都是芽朝上定植。而芽朝下的「逆向定植」這種栽培方式，則是熱心鑽研農業的人們所秘傳的栽種技術。

雖然逆向種植在一般書籍中，是最忌諱的栽種方法，不過根據最近的研究得知，這種方法能夠誘導植株提升對於病蟲害的抵抗性。當植物受到刺激時，便會產生相應的蛋白質。而逆向種植在發芽的時候，由於受到土壤的壓力，對於病蟲害的抵抗力及環境適應性也會隨之提升。此外，逆向定植會使芽數變少，所以能讓摘芽作業變得更輕鬆，節省栽培勞力。

使種薯發芽的浴光催芽及切除種薯的方式，都和一般栽培相同。接著在畦中挖掘深10cm的定植溝，以間距30cm將種薯切口朝上，芽點部分朝下放置，定植時小心不要折到芽。

芽會從種薯下方生長，因此萌芽較一般栽培晚。由於植株受到土壤的壓力，生長勢較弱的芽會在中途停止生長，較強的芽則會伸出地上部。由於芽數較少，所以不需要特別進行摘芽作業，若芽數較多的時候則需摘芽。另外，培土方式和一般栽培相同，分成2次進行。

※定植時期／田間準備／定植溝深、間距、畦高、畦寬，以第129頁為準。

如何種植？

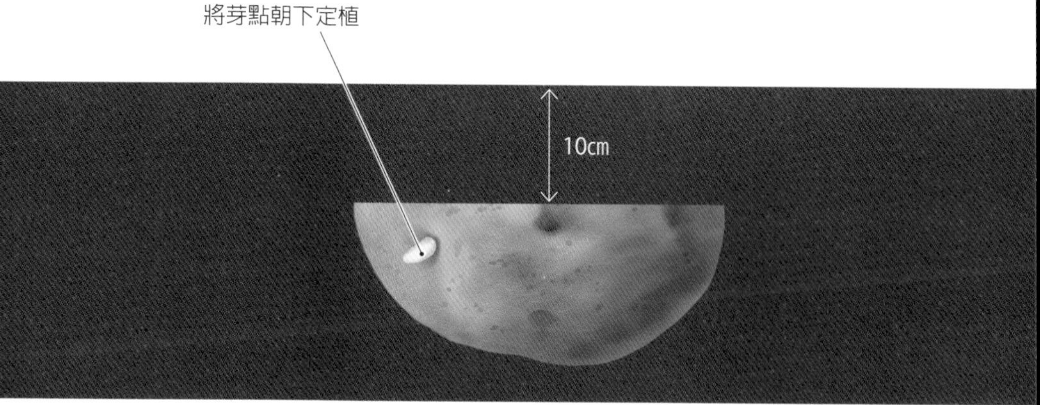
將芽點朝下定植
10cm

會變成這樣！

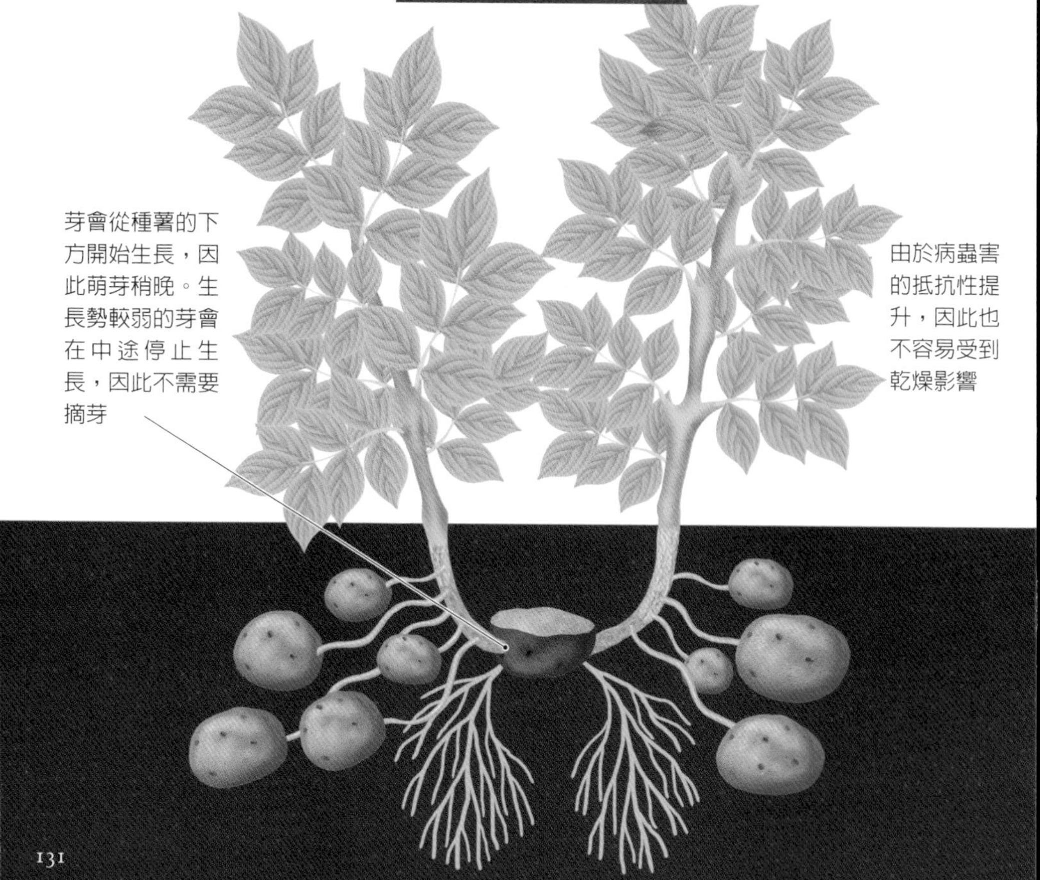
芽會從種薯的下方開始生長，因此萌芽稍晚。生長勢較弱的芽會在中途停止生長，因此不需要摘芽
由於病蟲害的抵抗性提升，因此也不容易受到乾燥影響

密技 2

耐濕，節省培土作業

高畦定植

※定植時期／田間準備／間距、畦寬，以第129頁為準。

　馬鈴薯不耐濕氣，若是栽培於高畦便能防止濕害，是適合排水不良田間的定植方法。畦的高度為一般栽培的2倍，也就是30cm。接著在畦的中央，挖掘比一般栽培還深的15～20cm的定植溝，將種薯以間距30cm定植。

　高畦定植和逆向定植一樣，萌芽時間稍晚，不過根系的伸展範圍較廣。日照也較充足，所以之後的生長狀況會比一般栽培還要旺盛。此外，只有生長勢強的芽會繼續往上生長，所以芽的數量較少，節省摘芽的作業。不過若長出的芽數較多時，可留下生長勢較強的3～4根，其餘摘除。

　馬鈴薯的塊莖若接觸到陽光變成綠色，就會產生卡茄鹼和龍葵鹼等有毒成分。將土壤堆積在基部（培土），也有為了遮擋陽光，防止有毒成分生成的作用。高畦定植時，由於塊莖的位置較深，不用擔心照射到陽光，因此也不需要進行培土。

　另外也能減少濕害的情況，因此當地上部完全枯死，莖部稍微往內凹陷的時候就可以收成。一般栽培的收成適期，也就是葉子黃化的時期，其實比真正的收成期稍早，應待地上部完全枯死後，才是成熟馬鈴薯的收成最適期。如此一來就能使馬鈴薯的保存期延長，如果保存恰當，到隔年定植時都還能使用。

如何種植？

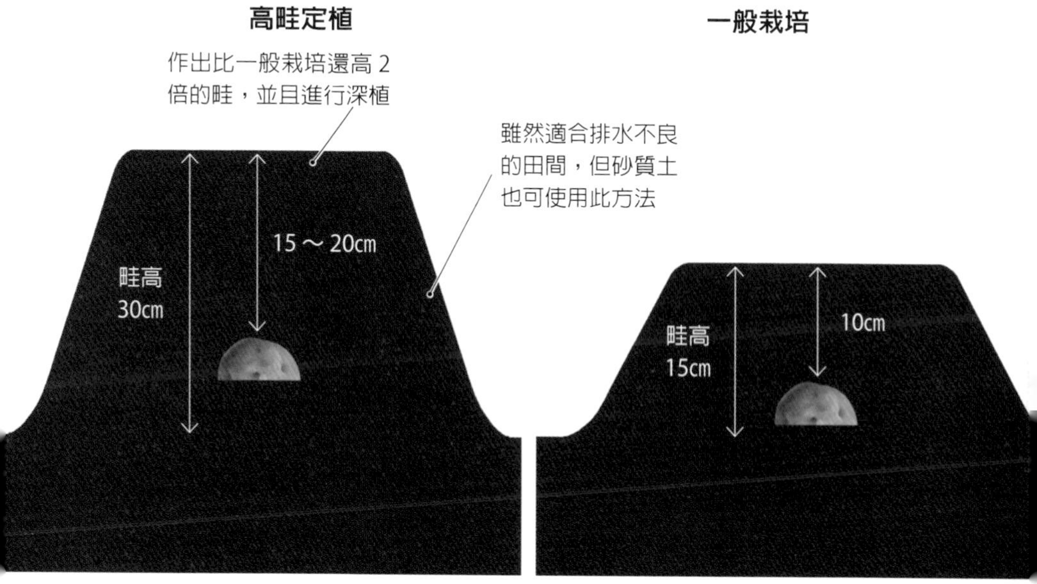
高畦定植
作出比一般栽培還高 2 倍的畦，並且進行深植
15 ～ 20cm
畦高 30cm
一般栽培
雖然適合排水不良的田間，但砂質土也可使用此方法
10cm
畦高 15cm

會變成這樣！

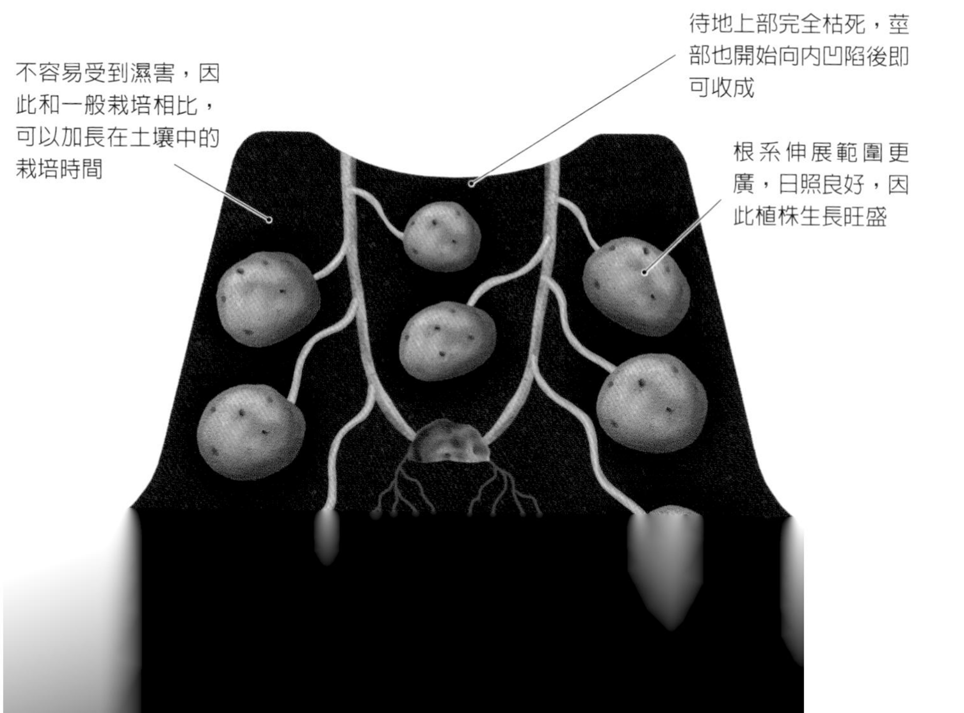
不容易受到濕害，因此和一般栽培相比，可以加長在土壤中的栽培時間
待地上部完全枯死，莖部也開始向內凹陷後即可收成
根系伸展範圍更廣，日照良好，因此植株生長旺盛

密技③

擋強風大雨，防止疫病發生

和赤藜&白藜混植

馬鈴薯的定植時期，和雜草的發芽時期重疊。因此若任雜草生長，就會變成茂盛的雜草田。尤其是赤藜及白藜等雜草，喜好和馬鈴薯共生，因此在馬鈴薯田中經常可見到這兩種植物。

疫病是馬鈴薯的嚴重病害，會在葉子上產生黑色斑點，而且會經由風雨傳染。然而，若和赤藜及白藜共生時，就能藉由這些雜草的枝葉，防止疫病的孢子飛散，抑制感染情況。

當田間準備好後，可於畦鋪設黑色塑膠布，並打洞用來定植。接著和一般栽培方式一樣，將準備好的種薯定植。

另外，也可以像一般栽培方式一樣進行定植，之後於畦上鋪設黑色塑膠布，再將芽長出來的部分開洞即可。

定植完成之後，畦的部分會因為塑膠布的阻擋而不長雜草。不過，若道路部分不加以除草任其生長，就會長出赤藜、白藜和及他雜草。

之後也會因為黑色塑膠布的關係，畦的部分不長雜草，但道路部分則會雜草茂盛。尤其是赤藜及白藜的根系較深，植株高度也較高，生長狀況比其他雜草更旺盛。可將生長勢過於強勢的雜草植株拔除，其它的任其生長即可。

※定植時期／田間準備／定植溝深、間距、畦高、畦寬，以第129頁為準。

如何種植？

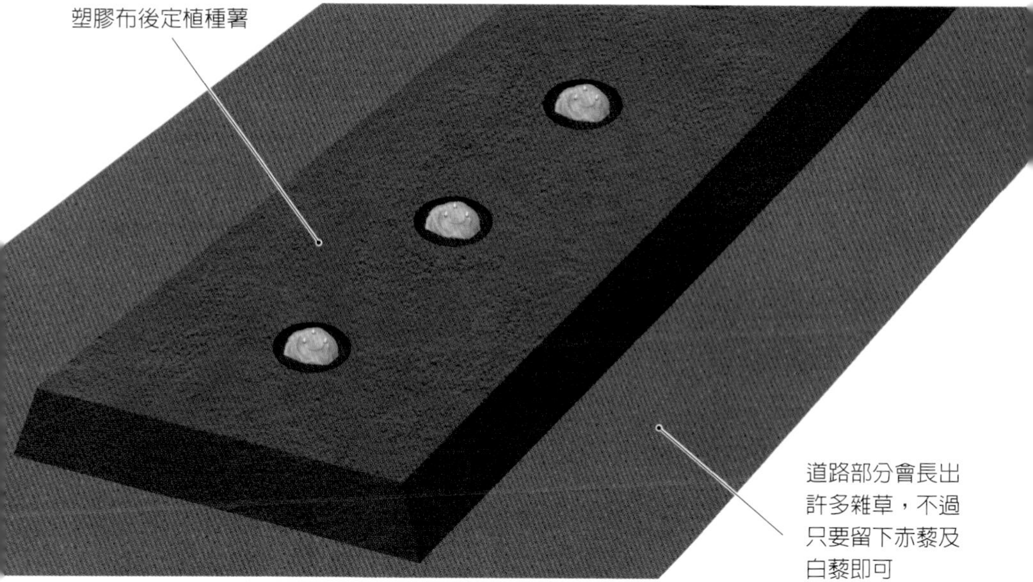
在畦部分鋪上黑色
塑膠布後定植種薯
道路部分會長出
許多雜草，不過
只要留下赤藜及
白藜即可

會變成這樣！

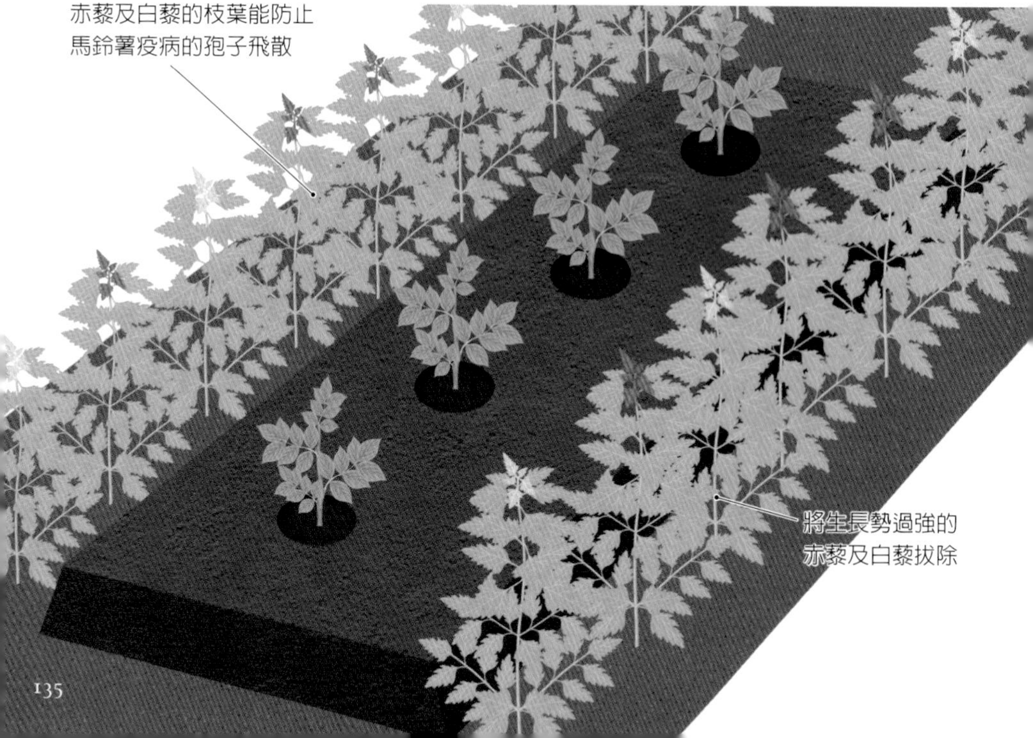
赤藜及白藜的枝葉能防止
馬鈴薯疫病的孢子飛散
將生長勢過強的
赤藜及白藜拔除

密技④

超淺定植

定植和收成更輕鬆，收穫量也能增加

※定植時期／田間準備／間距、畦高，以第129頁為準。

不將種薯埋入土中，也不太需要進行培土的栽培方式。將種薯直接放在畦上方，蓋上黑色塑膠布遮光栽培。

畦可根據塑膠布大小來準備。假設使用寬90cm的塑膠布覆蓋時，則將畦寬設定為70cm，使塑膠布兩側能確實埋入土中。種薯和一般栽培方式一樣，使其浴光催芽後，切成塊預備。

定植的時候，不論是芽點朝上（一般定植）或是朝下（逆向定植）皆可，不過逆向定植的生長較旺盛。以間隔30cm，將種薯押入畦的表面並排，上方鋪設黑色塑膠布。

大約過10天後，芽伸長使塑膠布隆起時，便可將塑膠布打洞使芽露出。之後幾乎不需要任何管理作業。

馬鈴薯的地薯部分，其實是由莖部肥大而來。比起地下，莖部在地表的生長較旺盛，所以使用超淺定植的時候，能讓匍匐莖充分延伸，並於前端長出塊莖。因此收成量大約是一般栽培的1．5倍。

當葉子黃化便可進行採收。為了使馬鈴薯成熟，可於收成前2～3天，將地上部的莖葉切除，塑膠布則於採收當天掀起。馬鈴薯呈現一半埋在土中，一半露出地表的狀態，因此不需要挖掘，只要直接撿起即可收成。

如何種植？

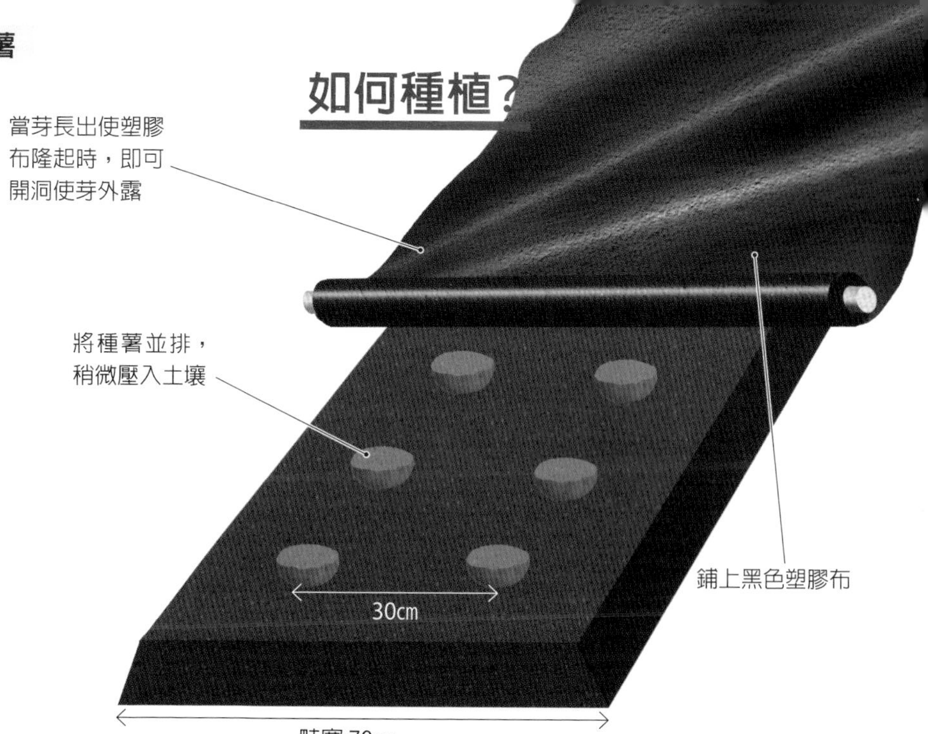
當芽長出使塑膠
布隆起時，即可
開洞使芽外露
將種薯並排，
稍微壓入土壤
鋪上黑色塑膠布
30cm
畦寬 70cm

會變成這樣！

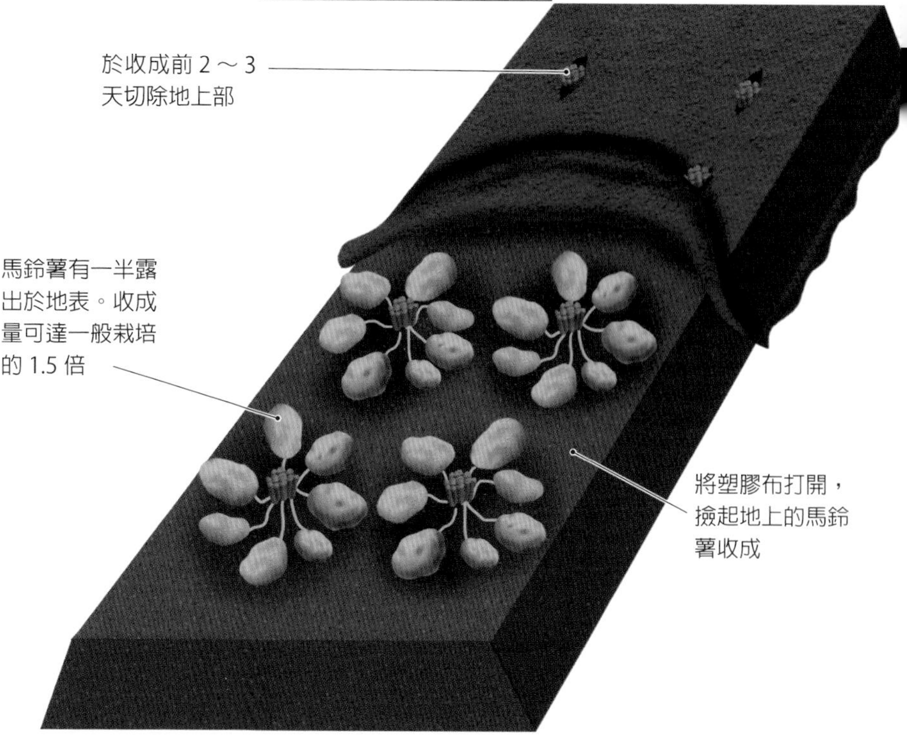
於收成前 2 ～ 3
天切除地上部
馬鈴薯有一半露
出於地表。收成
量可達一般栽培
的 1.5 倍
將塑膠布打開，
撿起地上的馬鈴
薯收成

密技5

整顆定植

抗病蟲害，節省摘芽作業

馬鈴薯可分成春天種植初夏收成的種植方式（春季栽培），和9月上旬種植，11月～12月收成的種植方式（秋季栽培）。在10月左右，偶爾會看見於初夏收成時從挖剩的小顆馬鈴薯長出的野生植株。整顆定植是指和野生馬鈴薯一樣，不需要切除種薯直接定植。適合用於種薯較小，以及秋季栽培的時候。

整顆定植時和切除種薯相比，留下後代的風險較少，因此不會所有芽點都萌芽，只有必要的芽點會伸長。也因此芽的數量較少，所以幾乎不需要進行摘芽作業。另外，由於種薯未經切除，因此能減少軟腐病及乾腐病等病害蟲入侵。

準備50～60g的小型種薯，並將連接匍莖的地方（肚臍）切除。使種薯浴光催芽後，於深10㎝的定植溝中，以間距30㎝定植。當種薯萌芽後，和一般栽培方法一樣，分成2次進行培土。

若要在春天用整顆定植時，種薯的準備和摘芽之外的管理，都和一般栽培完全相同。

而在秋天栽培時，是在氣溫較高的時期定植。這時候微生物的活動旺盛，土壤中的有機物會被分解成無機物，成為植株的養分。所以只要充分翻土即可，不需要另外施以堆肥或肥料。

※定植時期／田間準備／定植溝深、間距、畦高、畦寬，以第129頁為準。

如何種植？

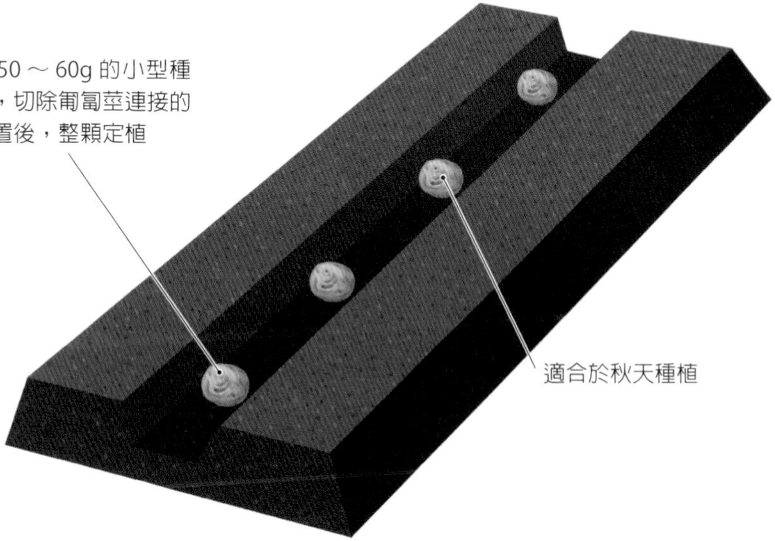
將 50 ～ 60g 的小型種薯，切除匍匐莖連接的位置後，整顆定植
適合於秋天種植

會變成這樣！

種薯未經切開，因此病蟲害不易入侵
開始下霜，且地上部開始枯萎後，就可挖出馬鈴薯收成
只有部分的芽點會萌芽，因此能省下摘芽的作業

密技⑥

抗凍霜害又耐乾燥

深溝定植

栽培馬鈴薯時，為了避免產生卡茄鹼和龍葵鹼等有毒成分，因此需要進行堆土作業（培土）來遮光。深溝定植是將種薯定植在事先挖掘的溝中，以節省培土勞力。不過，深溝栽培是適合排水良好田間的栽培方式。由於種植在深溝中，所以不容易受到凍霜害，可以比一般栽培稍早開始定植。另外，植株不容易乾燥，因此對於雨量較少的年分，可謂是有效的栽培方式。

在深溝定植時，為避免雨水流入溝中，應事先於田間周圍挖掘深20㎝×寬20㎝以上的溝。

種薯培的準備方式和一般栽相同，使其浴光催芽後，切除和匍匐莖連接的部分（肚臍），接著縱切，並使其乾燥形成癒合組織。定植的時候，於田間挖掘深20㎝×寬20㎝的定植溝。以間隔30㎝定植種薯，再覆蓋上一層足夠掩蓋種薯的土壤。當莖葉冒出土壤後，可根據生長狀況，將溝旁的土壤逐漸回填於溝中。若芽數較多時，應進行摘芽。大約實施2次培土後，便呈現出和地表同樣高度的狀態。

當莖葉黃化後，為了使馬鈴薯成熟，可於採收前2～3天切除地上部。由於馬鈴薯的位置較一般栽培深，因此可用鏟子或鋤頭小心挖掘採收。

※田間準備/間距，以第129頁為準。

如何種植？

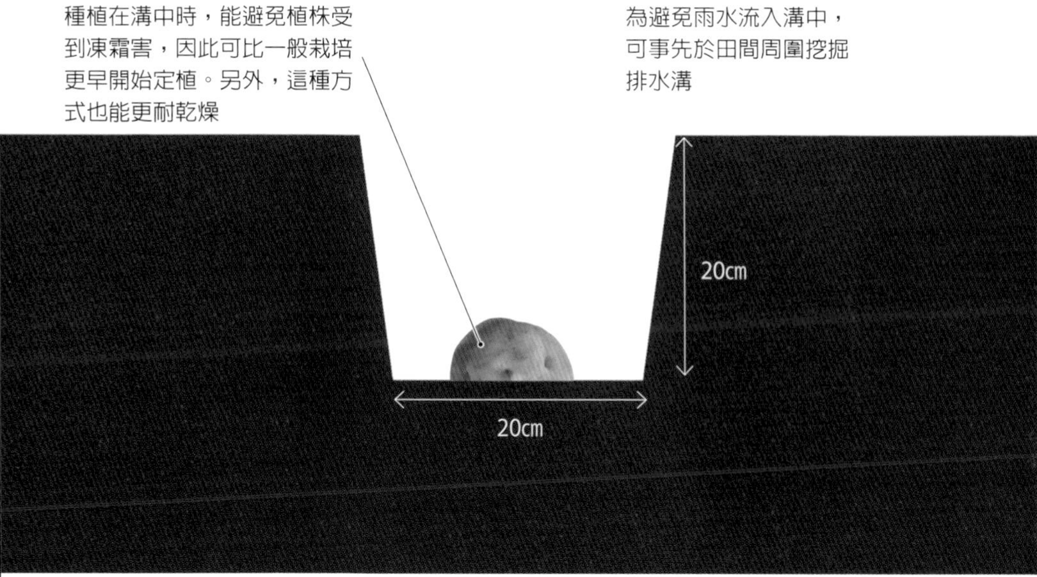
種植在溝中時，能避免植株受到凍霜害，因此可比一般栽培更早開始定植。另外，這種方式也能更耐乾燥
為避免雨水流入溝中，可事先於田間周圍挖掘排水溝
20cm
20cm

會變成這樣！

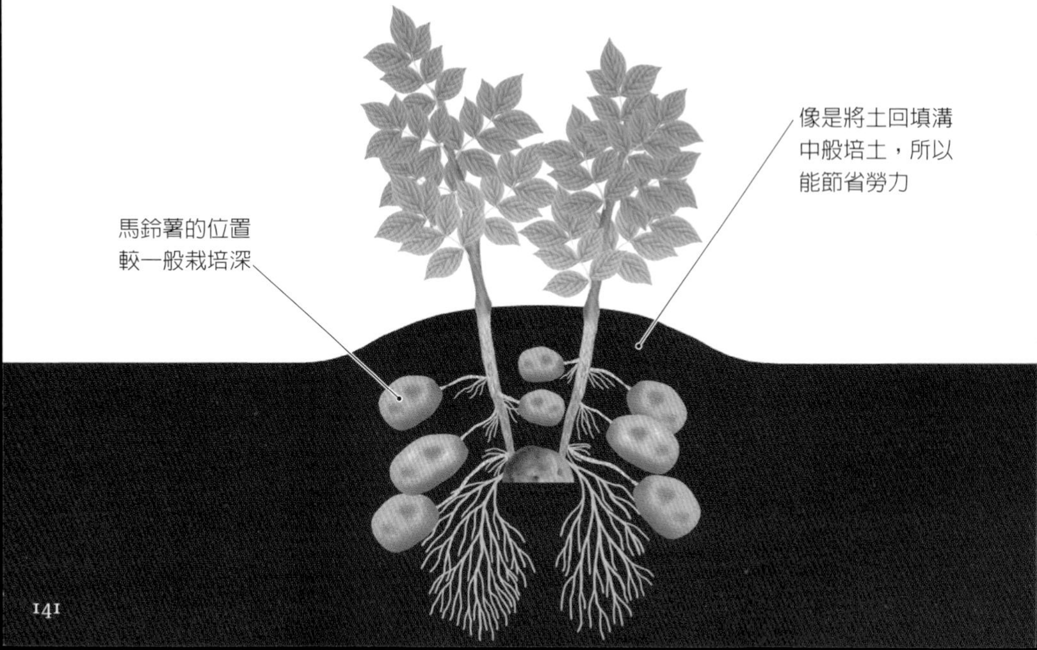
像是將土回填溝中般培土，所以能節省勞力
馬鈴薯的位置較一般栽培深

地瓜

●分類　旋花科
●原產地　中美

將苗株斜向定植

地瓜喜好18～28℃的溫暖及乾燥環境。在組織內共生著細菌，能將空氣中的氮氣固定於莖葉中，成為植株的養分，因此就算是低營養的田間也能輕鬆栽培。

將展開6～7片葉子的芽條當作苗株。於3月下旬將地瓜放在稻殼上，就能使其萌芽，可使其繼續生長當作定植用苗株，或是直接購買市售的苗株。苗株應放置在陰涼的潮濕處3～4天，使切口乾燥，促進切口不定根的發根。

以間隔50㎝將苗株斜向定植，並將下側的3～4片葉子埋入土中。葉子基部具有定芽，因此根系會從基部生長。若將葉子摘除，會使發根延遲。當植株長新根存活後，枝蔓會開始茂盛生長，但如果生長過於旺盛，會使地瓜無法肥大，所以當枝蔓覆蓋整個畦的部分後，應將枝蔓翻過來（翻蔓）。

地瓜的根系會在土中往橫向延伸，因此地瓜通常生長在離植株較遠的位置。在收成1週前，應將枝蔓切除，使養分傳送至地瓜。收成的時候可用鏟子或鋤頭挖掘。地瓜的主要成分是澱粉，直接食用不會有甜味。因此可放置於紙箱中2～3週，使澱粉轉換為糖類後才會變甜。雖然地瓜不耐低溫，不過若保存在12～18℃的環境下，到早春都能繼續食用。

基本的定植方法

定植用的苗株，可將地瓜長出的芽用剪刀切除，或是購入市售苗株使用

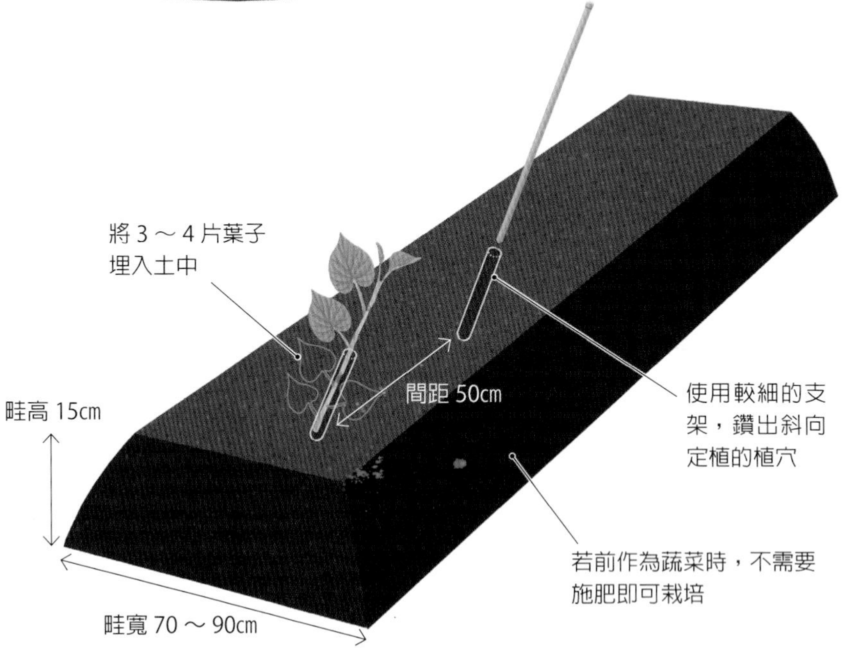

定植時期

一般地區　5 月中旬～ 5 月下旬
寒冷地區　5 月下旬～ 6 月上旬
溫暖地區　5 月上旬～ 5 月下旬

田間準備

地瓜忌未成熟的有機物，若要施以堆肥時，應使用成熟堆肥。於定植 2 週前以上確實翻土並作畦。

密技❶

能收成又圓又甜的地瓜

垂直定植

地瓜會隨著苗株的定植方式，而改變地瓜的形狀及生長位置。

地瓜具有隨著根系延伸方向生長的特性。因此將苗株斜向定植的一般栽培方式，根系會往橫向延伸，在遠離植株的位置形成細長形的地瓜。

另一方面，若將苗株以縱向垂直定植，根系便會往正下方生長，在靠近植株基部的位置，形成短而圓的地瓜。若使用這種定植方法，和一般栽培相比，地上部的葉子所合成的養分，能順利傳遞至土壤中的地瓜，提高澱粉含量。雖然採收的地瓜數量會減少，不過由於養分被濃縮，甜味也能因此提升。

田間準備方式和一般栽培相同。不過苗株使用展開4～5片葉子的較短幼苗。將要定植的苗株，放在陰涼潮濕處保管2～3天，促進發根。

定植時不需將葉子摘除，使2片葉埋入土中，2～3片葉露出於地上，並以間距30㎝縱向插入土中定植。

定植後的苗株，會從2片埋入土中的葉子基部以及切口處發根，根系會往下方伸長。

定植後的管理和一般栽培相同，不過由於地瓜生長在植株基部附近，所以只要將枝蔓往上拔起就能輕鬆收成。

※定植時期／田間準備／畦高、畦寬，以第143頁為準。

如何種植?

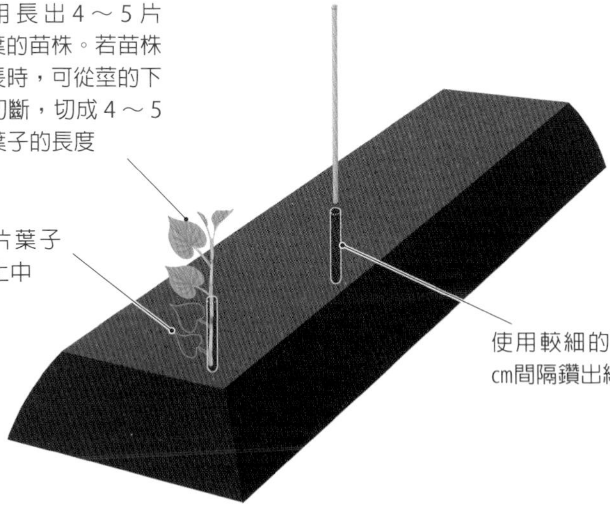
使用長出4～5片本葉的苗株。若苗株較長時，可從莖的下方切斷，切成4～5片葉子的長度
將2片葉子埋入土中
使用較細的支架，以30 cm間隔鑽出縱向的植穴

會變成這樣!

垂直定植

地瓜生長在接近植株基部的位置，形狀圓而短。收成數量較少

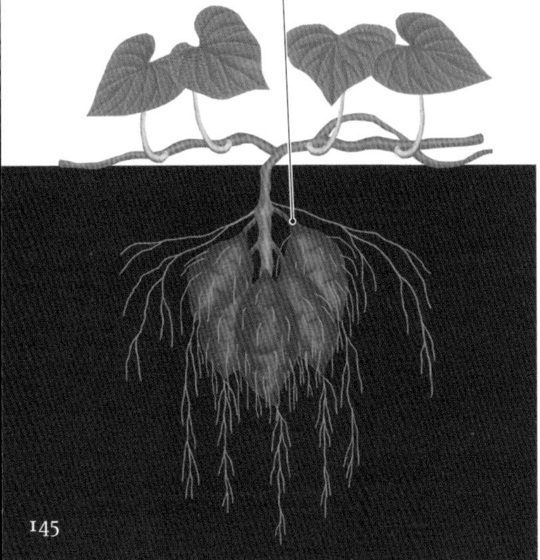

一般栽培

地瓜在遠離植株基部的位置橫向生長，呈現細長形。收成的數量也較多

密技 2

增加收成量／提高品質

平畦／高畦定植

隨著畦高和形狀的改變，所收成的地瓜也會有所不同。在平畦栽培時，根系延伸範圍較廣，所以生長勢強、收成量也能隨之增加。

另一方面，若在高畦上栽培，由於根域受到限制，生長勢稍弱、收成量也會減少。不過由於生長勢受到限制，養分會集中於地瓜中，所以能提高地瓜的品質。

平畦定植是適合排水良好的田間，並以增加收成量為目的的栽培法。將苗株以50㎝間距斜向定植。種植在平畦時，植株的生長勢旺盛，當枝蔓攀爬到旁邊的畦時，即可將枝蔓翻過來（翻蔓）。地瓜呈現細長形，而且位於遠離植株基部的位置。所以收成的時候應拉住最粗的根，小心挖掘避免損傷地瓜。能採收大量的地瓜，增加收成量。

高畦定植是適合排水不良的田間，或是想收成高品質地瓜的栽培方法。作出高20㎝×寬45㎝的畦，並蓋上黑色塑膠布。苗株以間距30㎝直向定植。

高畦定植時，由於根的延伸受到限制的關係，枝蔓的生長也會被限制。地瓜生長在靠近植株基部的位置，所以只要拔起枝蔓，就能採收形狀圓潤的地瓜。每一株大約能採收4～6個地瓜，和平畦栽培相比，收成量稍少。

※定植時期／田間準備，以第143頁為準。

如何種植?

平畦定植

作平畦，將苗株斜向定植

將 3 ～ 4 片葉子埋入土中

高畦定植

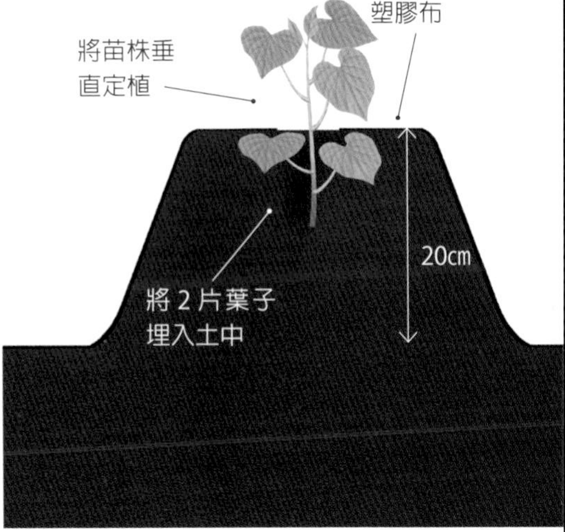
覆蓋黑色塑膠布
將苗株垂直定植
20cm
將 2 片葉子埋入土中

會變成這樣！

平畦定植

在遠離植株基部的位置，長出許多細長形的地瓜

根系生長範圍廣，生長勢較強

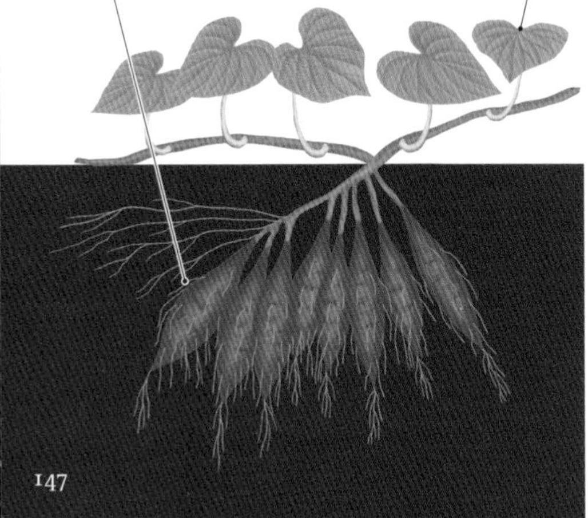

高畦定植

根系的伸長範圍受到限制，生長勢也被限制

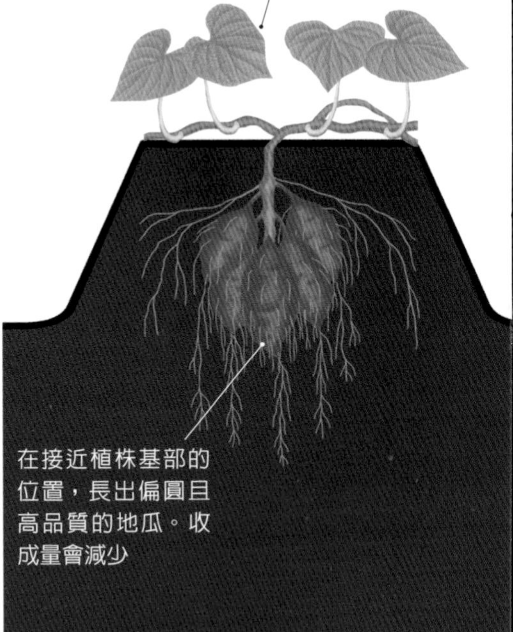
在接近植株基部的位置，長出偏圓且高品質的地瓜。收成量會減少

密技 3

和紫蘇混植

省去翻蔓作業
抑制害蟲

藉由和紫蘇一起混植，減弱地瓜的生長勢，省去翻蔓作業的栽培方法。和一般栽培的步驟相同，準備苗株並定植後，可於植株之間撒下紫蘇種子，或是直接定植苗株。紫蘇和地瓜會互相競爭水分及養分，避免地瓜的地上部生長過於茂盛。另外，紫蘇也有抑制地瓜害蟲飛來的效果，減少害蟲的侵害情況。

如何種植？

※ 定植時期／田間準備／間距、畦高、畦寬，以第 143 頁為準。

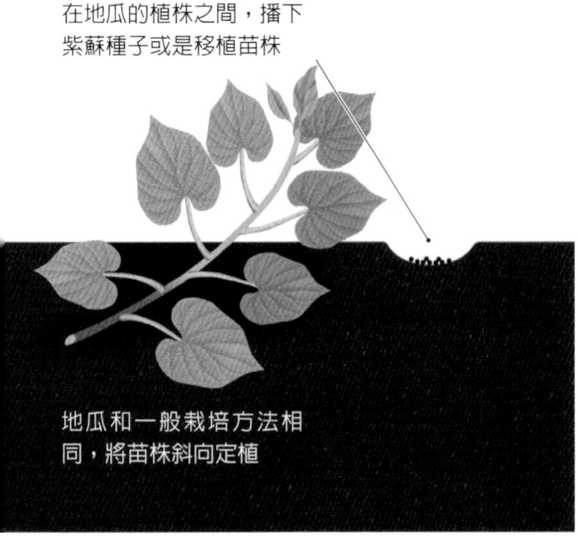
在地瓜的植株之間，播下紫蘇種子或是移植苗株
地瓜和一般栽培方法相同，將苗株斜向定植

會變成這樣！

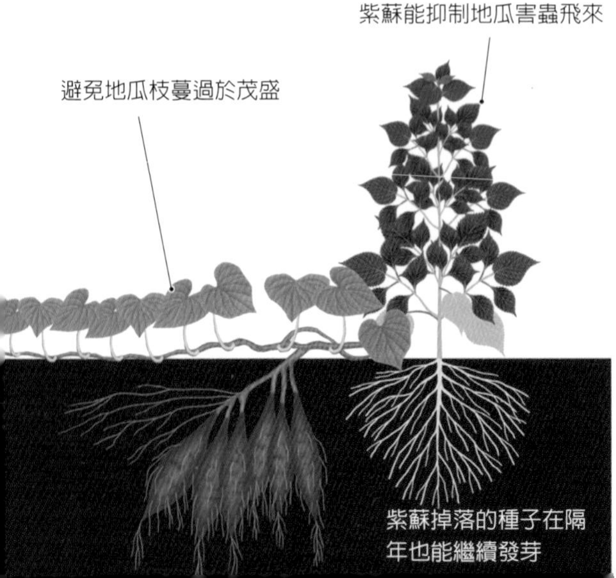
紫蘇能抑制地瓜害蟲飛來
避免地瓜枝蔓過於茂盛
紫蘇掉落的種子在隔年也能繼續發芽

密技 4

和豇豆混植

能幫助供給養分 在貧瘠之地也能栽培

豇豆為豆科植物，根部共生的根瘤菌能將空氣中的氮氣固定於土壤中。氮氣是植物生長時不可或缺的養分，因此和豇豆混植是適合在貧瘠土地栽培地瓜的方式。和一般栽培方式相同，準備苗株並定植後，於植株之間撒下3顆豇豆種子，種子發芽後留下子葉形狀較完整的2株幼苗。生長初期豇豆的生長勢較佳，甚至將枝葉伸長至地瓜葉之間。豇豆應在豆莢裂開前採收，地瓜則是按照一般方式收成即可。

如何種植？

※ 定植時期／田間準備／間距、畦高、畦寬，以第143頁為準。

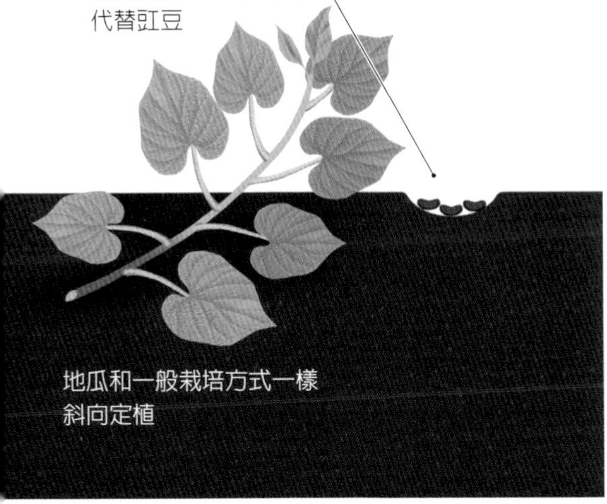
於每個植穴中播3顆豇豆種子。也可用黃豆代替豇豆

會變成這樣！

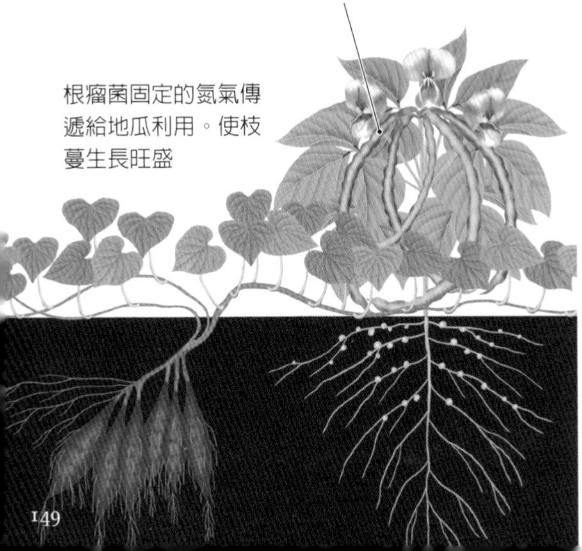
在豇豆的豆莢裂開前採收。若播種黃豆時，可採收豆莢當作毛豆利用

芋頭

●分類　天南星科
●原產地　馬來半島

確實進行培土作業

芋頭喜好介於23～28℃的高溫及高濕環境。在東南亞的根菜類農耕文化中，也曾被當作主食利用。從種芋栽培母芋，接著周圍生長出許多子芋、孫芋及曾孫芋。

定植種芋時，挖掘間距50cm×深15cm的定植穴，將芽點朝上置放種芋後覆蓋土壤。當主莖葉伸長至30～50cm時，進行第1次的培土作業，將土壤稍微堆在植株基部。第2次的培土是當子芋長出莖葉後進行，將子芋的芽用土壤確實埋住。芋頭忌乾燥，如果乾燥情況嚴重時，可在植株基部大量澆水。

收成應於降霜之前進行。先將靠近地面的莖部切除後，用鏟子或鋤頭小心挖掘，注意不要傷及芋頭。

若要將收成的芋頭當成下一年的種芋時，不要將附著在母芋上的子芋和孫芋切除，直接保存。於田間挖掘深70cm的植穴，將芋頭往下倒放後，回填土並往上堆出高於地表10cm的土堆。接著再放上稻殼等，堆積至離地表高20cm左右。

在關東以西的地區，在莖葉因為結霜而枯萎的時候，可留下莖葉並於基部堆土，就能在種植於田間的狀態下過冬。若將莖葉切除，芋頭會無法呼吸而難以越冬，因此就算莖葉枯萎也不要摘除。

基本的定植方法

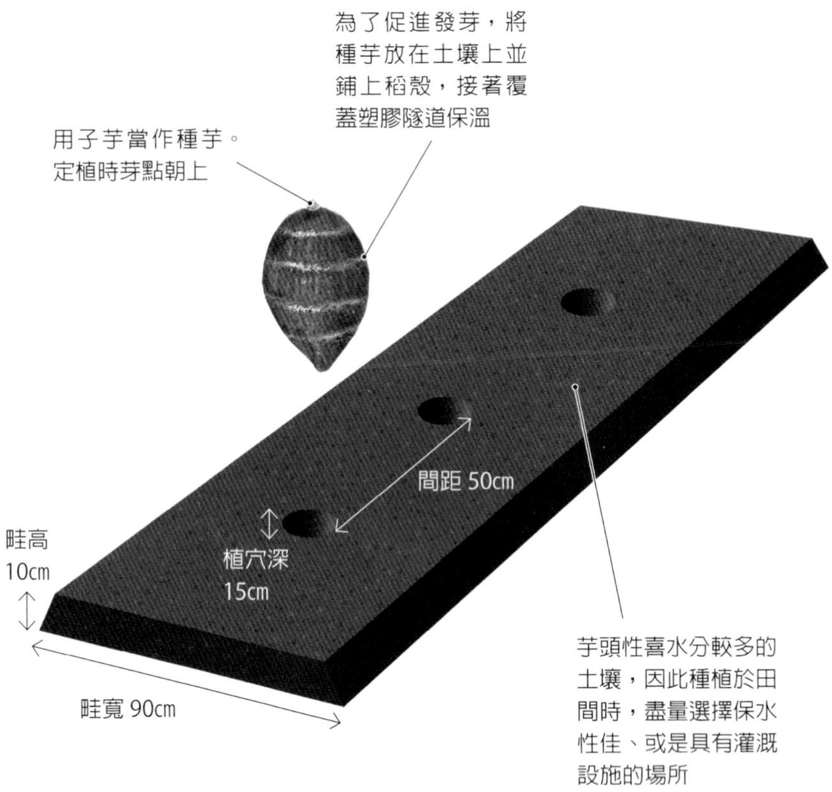
為了促進發芽，將
種芋放在土壤上並
鋪上稻殼，接著覆
蓋塑膠隧道保溫
用子芋當作種芋。
定植時芽點朝上
間距 50cm
畦高
10cm
植穴深
15cm
畦寬 90cm
芋頭性喜水分較多的
土壤，因此種植於田
間時，盡量選擇保水
性佳、或是具有灌溉
設施的場所

定植時期

一般地區　4 月下旬～ 5 月上旬
寒冷地區　5 月上旬～ 5 月中旬
溫暖地區　4 月中旬～ 4 月下旬

田間準備

於定植 2 週前以上施以堆肥及有機肥，並確實耕耙翻土。

密技1

逆向定植

不需培土、提高品質、抗病蟲害

將種芋的芽點朝下定植的方法。雖然在一般的栽培書中，是最忌諱的栽種方法，但其實這也是熱心鑽研農業的人們所流傳下來的栽種技術。

逆向定植的種芋，由於受到土壤壓力而萌芽的關係，能增強抵抗性，提升抗病蟲害能力。另外，由於根系生長的位置會比一般栽培還要深，所以不容易受到乾燥的影響。此外還能抑制子芋的發芽，所以能省下培土的作業。

發芽後新芽會朝下方生長，為了讓芽能順利伸出地面，在定植前應事先將田間土壤進行深耕。種芋長出3～5㎝左右的芽後，將芽點朝下放置並小心定植。這時候注意不要傷及新芽。

從種芋長出的新芽，最初會往下生長。之後會開始反轉往地上部伸長，並形成母芋。因此母芋的形成位置，會位於比種芋稍低或是相同高度的地方。子芋及孫芋的形成位置也比較深，所以子芋不容易長出新的莖葉。也因此不需要進行培土。另外，根系會延伸至土壤中較深的位置，不容易受到乾燥的影響，可收成高品質的芋頭。除此之外，逆向定植可栽培出較大的孫芋及曾孫芋，甚至和子芋差不多大小。

※定植時期／田間準備／定植穴深、間距、畦高、畦寬，以第151頁為準。

如何種植？

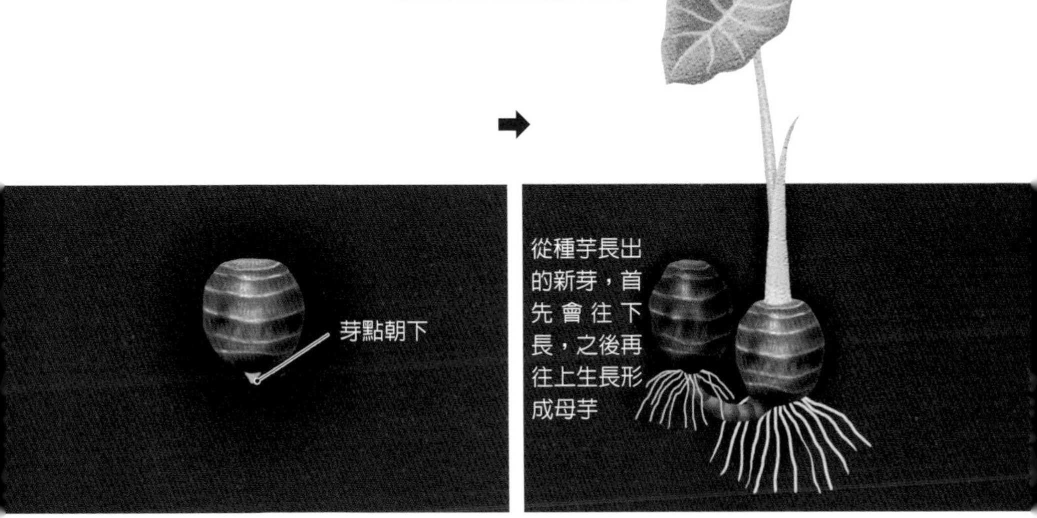
芽點朝下
從種芋長出的新芽，首先會往下長，之後再往上生長形成母芋

逆向定植　　一般栽培

會變成這樣！

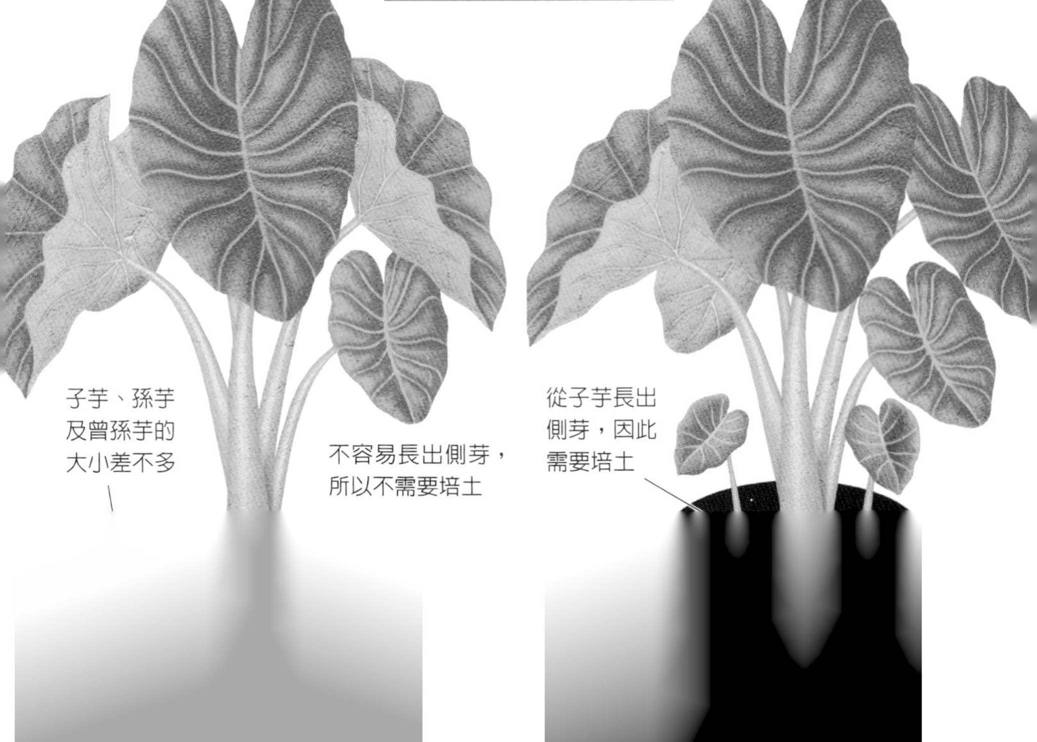
子芋、孫芋及曾孫芋的大小差不多
不容易長出側芽，所以不需要培土
從子芋長出側芽，因此需要培土

密技2

直接用母芋定植

收成量增加1.5倍

一般的芋頭栽培是將子芋當作種芋定植。由於母芋體積大，當作種芋處理時較不方便，因此大多是直接丟棄處理。不過芋頭越大，其實也代表所儲存的養分越多。因此將母芋當作種芋定植的時候，和子芋相比萌芽較快，而且之後的生長狀況也比較旺盛，收成量甚至能增加1.5倍。

由於種芋較大，所以定植時的間距應比一般栽培更寬，以間距60㎝、植穴深度20㎝定植。此外，將母芋當作種芋時，也可用逆向定植法來栽種。

當芽開始伸長後生長勢也隨之增強，從子芋長出茂盛的莖葉。因此需進行2～3次的培土作業，將子芋的莖葉基部確實埋入土壤。

不過，將母芋當作種芋栽培時，必須事先提高對於土地的適應性。芋頭是一種為了提高對土地的適應性，而容易出現芽條變異（芽細胞的遺傳因子突然變異）的作物。子芋和孫芋尤其容易出現芽條變異，因此在3～4年之間，應用子芋或孫芋當作種芋栽培，提高適應性。之後再每年都用母芋當作種芋栽培即可。

另外，母芋在冬季應保存在土壤中（150頁）。

※定植時期／田間準備／畦高、畦寬，以第151頁為準。

如何種植？

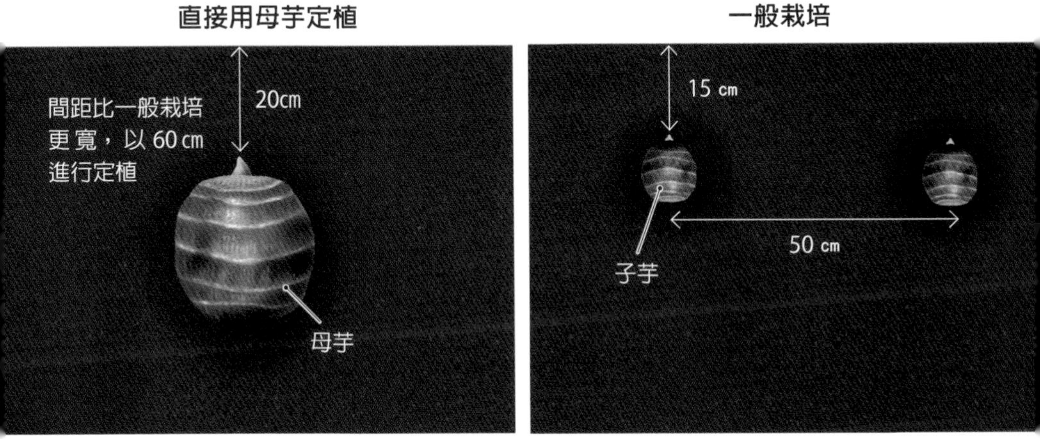
直接用母芋定植
間距比一般栽培更寬，以 60 cm 進行定植
20cm
母芋
一般栽培
15 cm
50 cm
子芋

會變成這樣！

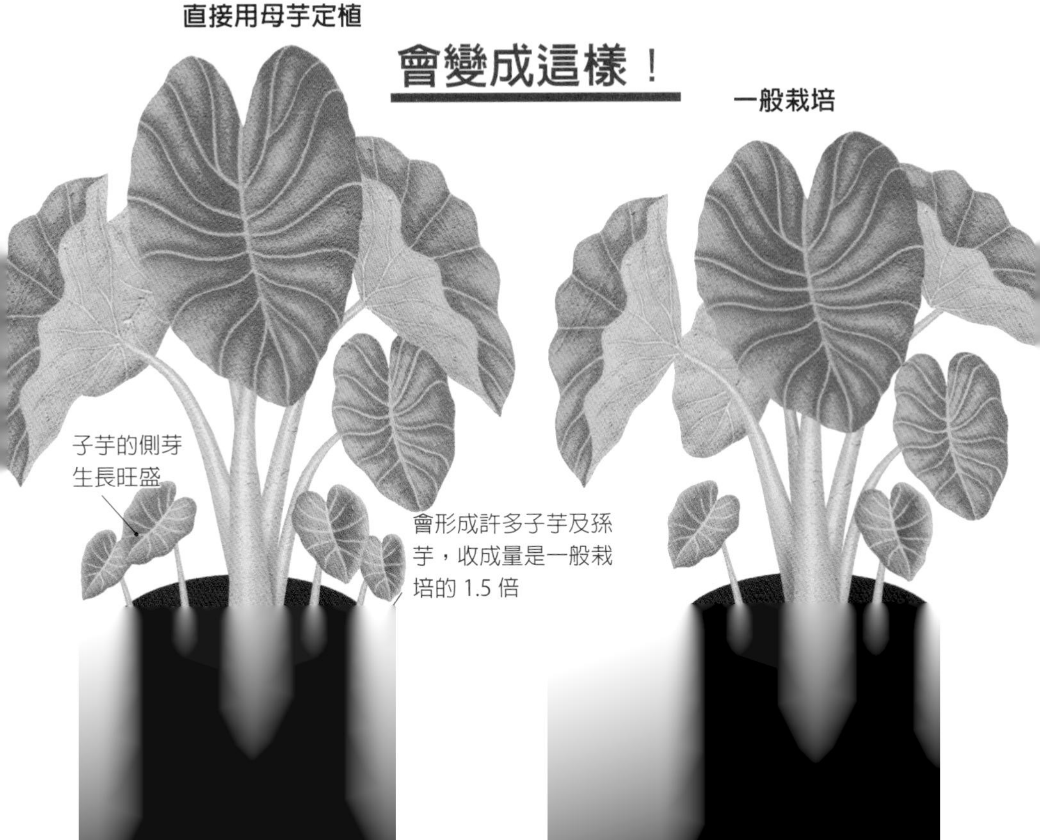
直接用母芋定植
子芋的側芽生長旺盛
會形成許多子芋及孫芋，收成量是一般栽培的 1.5 倍
一般栽培

密技3

提高品質，有效利用空間

和生薑混植

芋頭莖部的前端會展開大片的葉子，因此在植株基部有多餘的空間和遮陰。因此便利用這個空間，種植在陰影處也能生長的生薑。

藉由同時種植兩種作物，芋頭能為生薑遮陰，而生薑則能避免芋頭植株基部乾燥，兩者呈現互利共生關係。除此之外，由於在合適的條件下種植的關係，能栽培出柔軟而充滿黏性的芋頭，以及充滿香氣的生薑，兩者的品質皆能提高。

芋頭應在東西向的畦上定植。也可使用逆向定植。之後在畦的北側定植種薑。

芋頭和生薑都是需要培土的作物。當芋頭的子芋長出莖葉後，便可和生薑一起進行培土。芋頭的培土方式因南北側而異。於南側確實將土壤堆在子芋莖葉部位，而北側培土時則注意不要掩埋生薑，稍微堆土即可。芋頭的培土和追肥有相同的效果。不過和生薑混植時，只能進行一次培土，所以可施以有機肥後再進行培土。

生薑可根據情況適當收成利用。不過在下霜之前，應將芋頭和剩下的生薑一起收成。

※定植時期／田間準備／定植穴深、間距、畦高、畦寬，以第151頁為準。

如何種植？

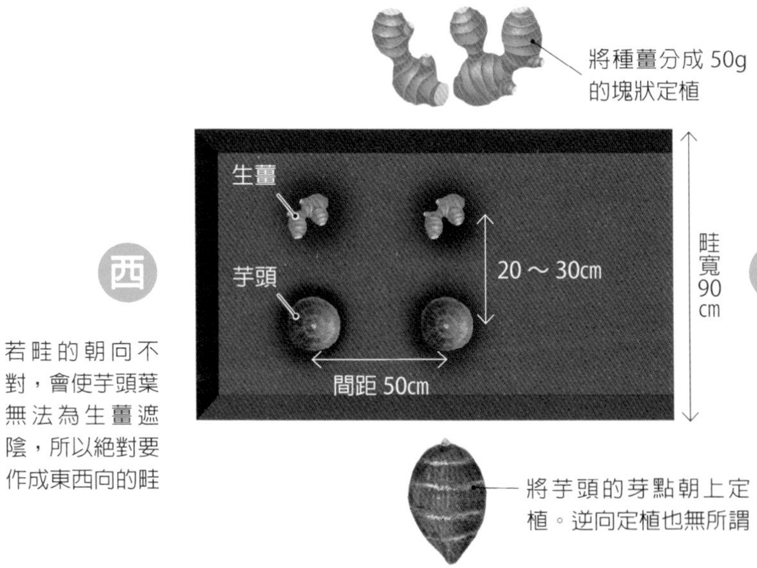

將種薑分成 50g
的塊狀定植
生薑
芋頭
20 ～ 30cm
畦寬
90
cm
西
東
間距 50cm
若畦的朝向不
對，會使芋頭葉
無法為生薑遮
陰，所以絕對要
作成東西向的畦
將芋頭的芽點朝上定
植。逆向定植也無所謂

會變成這樣！

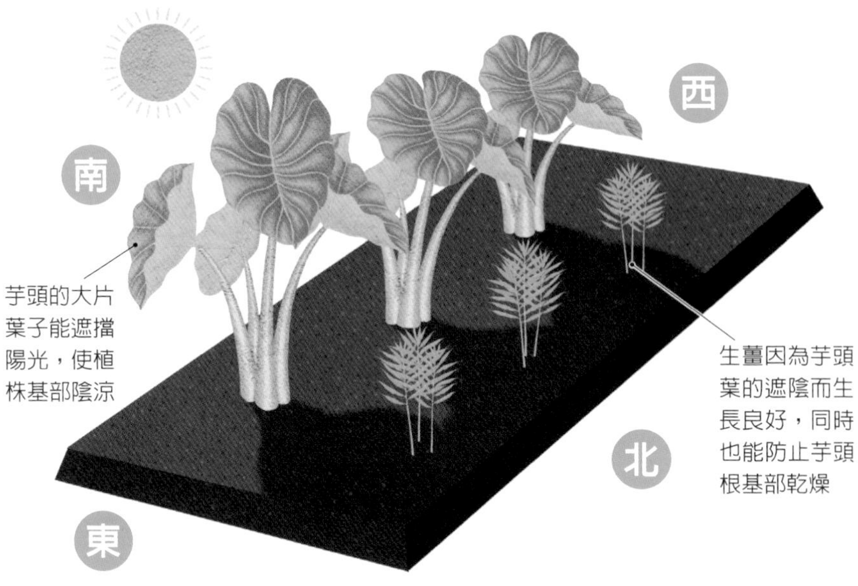

西
南
芋頭的大片
葉子能遮擋
陽光，使植
株基部陰涼
生薑因為芋頭
葉的遮陰而生
長良好，同時
也能防止芋頭
根基部乾燥
北
東

大蒜

●分類　石蒜科
●原產地　中亞

帶著薄皮進行定植

大蒜喜好介於12～23℃的涼冷氣候環境。耐低溫，甚至在零下10℃也不會枯死。但是不耐高溫，氣溫達28℃以上生長便會停止。

種植於田間的大蒜，根基部會如球狀般膨大。這部分也叫做蒜頭，是由小鱗芽（蒜瓣）所組成。可分為6瓣種和8瓣種，因品種而異。不過也有可能因為生長狀態而使數量出現變化。

作好畦之後，挖出深5㎝的植穴，以10～15㎝的間隔，將帶著薄皮的蒜瓣各定植一片於植穴中。當蒜瓣萌芽並長出30㎝左右的葉子後，於畦的某一側施以有機肥當作追肥，並將土壤堆於基部。接著於4週後，於畦的另一側同樣施以有機肥，再將土壤堆於基部。

另外也有以間隔5～7㎝進行密植後，再每隔一株間拔，拔起的苗株當作蒜苗利用的栽培方法。冬季期間若乾燥情形較嚴重時，可選在晴天較溫暖的日子澆水。

當蒜頭逐漸肥大，地上部大約8成枯萎後，就是適合收成的時期。於連續晴天的日子將蒜頭拔起，去除莖葉和根部後乾燥2～3天。充分乾燥後，將10球綁成一束，吊掛在陰涼通風處保存。若保存良好，甚至能持續利用至隔年的收成期。另外，保存大蒜的一部份，也能當作隔年的種蒜使用。

基本的定植方法

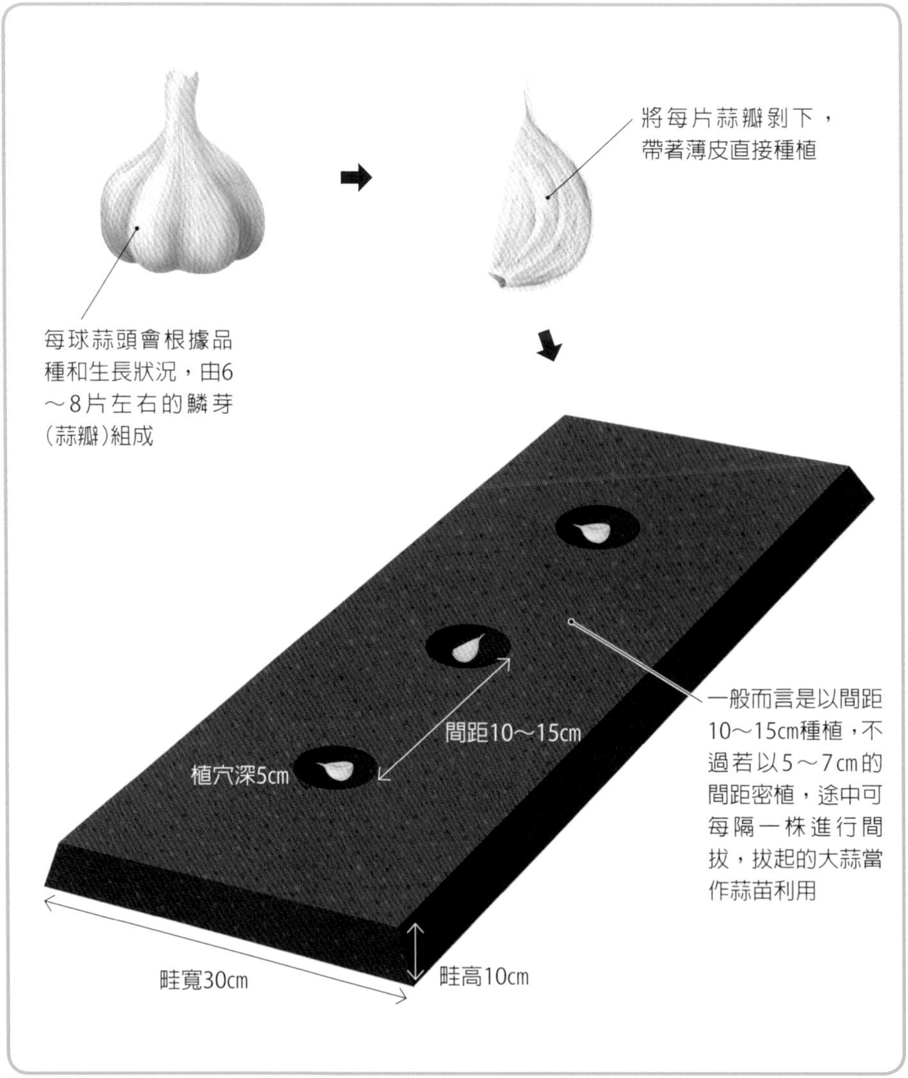
將每片蒜瓣剝下，
帶著薄皮直接種植
每球蒜頭會根據品種和生長狀況，由6～8片左右的鱗芽(蒜瓣)組成
間距10～15cm
植穴深5cm
一般而言是以間距10～15cm種植，不過若以5～7cm的間距密植，途中可每隔一株進行間拔，拔起的大蒜當作蒜苗利用
畦寬30cm
畦高10cm

定植時期

一般地區　9月中旬～9月下旬
寒冷地區　9月上旬～9月中旬
溫暖地區　9月下旬～10月上旬

田間準備

生長期間為9月～隔年6月，由於生長期間長，所以應確實做好整土作業。在定植3週前以上，施以堆肥、油粕及米糠等有機肥，並充分翻土。

密技 1

去皮定植

收成量增加 防止病害發生

大蒜種瓣的薄皮具有撥水性，若直接種植會使發芽較緩慢，而且在越冬之前的葉子數量也比較少。此外，也很容易感染病原菌。因此將薄皮去除後，用光滑的種瓣來種植。比較帶皮和剝皮的發芽程度，會發現剝皮種植的發芽會早3～4天，而葉子數量也多1～2片。大蒜會在12月～隔年3月由葉子合成碳水化合物，並儲存在根部。葉子數量差異會影響到養分的儲藏，因此剝皮定植能栽培出較大的蒜頭，增加收成量。

如何種植？

※ 定植時期／田間準備／間距、畦高、畦寬，以第 159 頁為準。

仔細將薄皮去除後，呈現露出真皮的光滑狀態

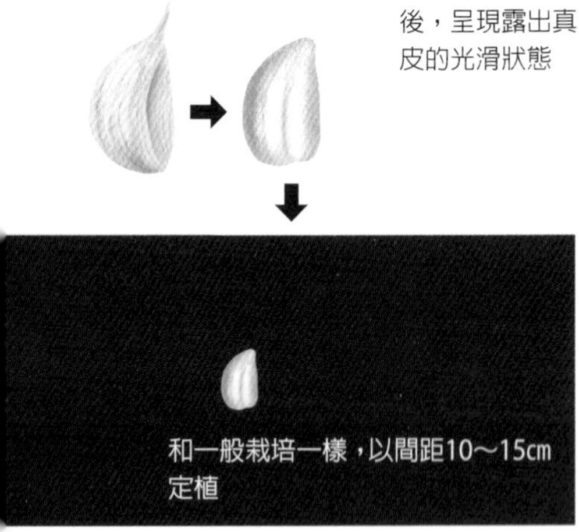
和一般栽培一樣，以間距10～15cm
定植

會變成這樣！

葉子數量較多，冬天儲藏的養分量增加，能栽培出較大的鱗芽
不易感染緣枯病

第2章

定植和播種的基礎知識

直接播種？還是用幼苗定植？

根據蔬菜種類及利用目的來選擇

生長於大自然中的生物，會在溫度及水分等環境條件都適當的時期發芽，生長的同時也會一邊適應發芽的場所。

另一方面，在田間栽培蔬菜時，則會由人們進行播種或幼苗定植。

因此便能充分利用揮植物原有的各種特性，使其自然發揮出適應能力，以種植出高品質的蔬菜。接著再根據蔬菜的種類和利用目的，選擇直接播種於田間，或是育苗後再定植於田間。

直接播種的蔬菜代表，像是白蘿蔔、紅蘿蔔、蕪菁、牛蒡等根菜類，或是菠菜、小松菜等葉菜類。這些蔬菜如果先育苗再定植於田間，容易使根部受到損傷而無法順利生長。因此基本上都是直播栽培。此外，直接播種很容易受到土壤及氣溫的影響，如果栽培環境的溫度在生長適溫之外，就沒辦法播種。所以沒有使用任何設備的家庭菜園，以栽培當季的蔬菜居多。

育苗的情況下，可藉由在溫暖或是涼爽環境下育苗，來提早或延後採收期。

番茄、茄子、青椒、辣椒、小黃瓜、南瓜、西瓜，以及苦瓜等夏季的果菜類，能透過保溫提早幼苗的生長，和田間直播相比能較早收成。

另一方面，青花菜、白菜及高麗菜等秋冬的十字花科蔬菜，則是在涼冷的地方育苗。其他像是大蔥、洋蔥、萵苣等，也都是適合育苗後再定植的蔬菜。

藉由幼苗有效利用時間及空間

在定植幼苗時，可在栽培前作時，將接下來要種植的幼苗，種植在前作的植株之間或畦和畦之間等位置，有效利用時間和空間。

順帶一提，毛豆、四季豆、碗豆、蠶豆等豆科蔬菜，以及玉米、秋葵等，是不論直接播種或定植皆可的蔬菜。可考慮前作和後作等蔬菜的順序關係，選擇直接播種或是定植幼苗。

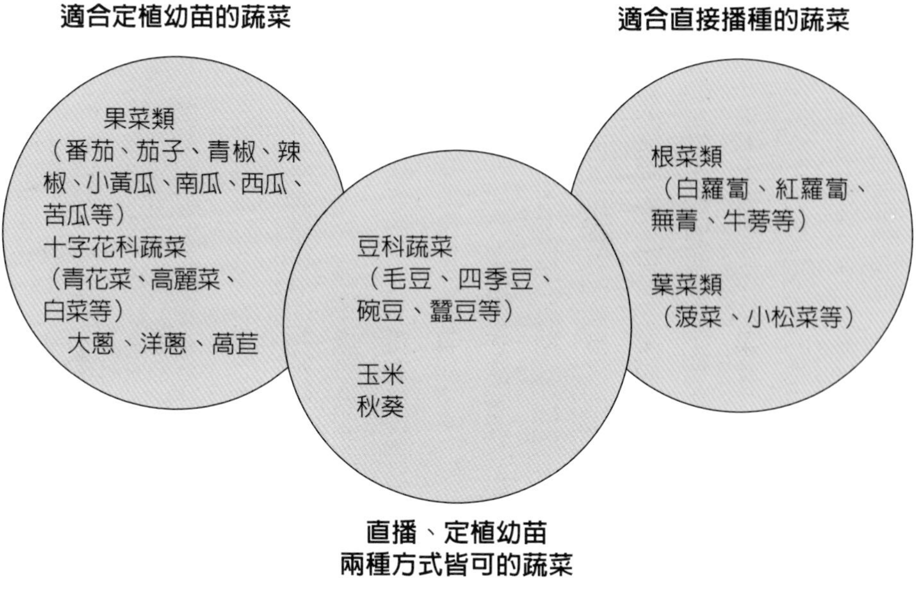

直播的基礎知識

提高對於田間的適應性

植物會一邊適應氣候及土壤等周圍環境條件而發芽。因此若直接播種於田間，就能提高對於該土地的適應性，增強生長勢。另外，直接播種不需要育苗或定植幼苗等作業，也是其優點所在。

種子發芽的必要條件是溫度、水分及氧氣。在露地栽培時，雖然不用擔心水分和氧氣，但是卻無法調控溫度。因此直接播種應在氣溫達到發芽溫度後，再進行播種作業。

水分和氧氣可藉由壓平土壤或灑水等補足。像是紅蘿蔔或菠菜的種子，在播種完之後應用鋤頭或腳踏壓平，使種子與土壤密集接觸，就是這個原因。

另外，根據植物不同，也有性喜密集生長的類型。代表的蔬菜像是紅蘿蔔、菠菜、白蘿蔔、小松菜、蕪菁等。將這些蔬菜密集播種，便能因為互相競爭而同時發芽，提升發芽率和發芽狀況。此外，幼苗能幫助彼此的根系伸入土壤中，只種植1株反而生長狀況欠佳。

不過，如果直接密集種植，會無法充分生長。應分2～3次進行疏苗。

直播
密技①

促進蔬菜生長狀況

作出土壤的三層立體構造

直接播種和移植相比，整土顯得非常重要。

首先，在播種3週前以上，施以成熟堆肥或有機肥，並將土壤確實深耕至20cm。

之後再藉由耕耙的技巧，作出土壤的三層立體構造。種子發芽時，本身就擁有充足的養分，所以在發芽的時候土壤不需要養分。發芽並長出本葉後，蔬菜會開始延伸根系，以吸收土壤中的養分。因此將田間的土壤作出①發芽～生長初期的利用土層（細緻層）、②生長旺盛時期的利用土層（顆粒層）、③提升保水及排水力的土層（塊狀層）這三種土層，以促進生長狀況。

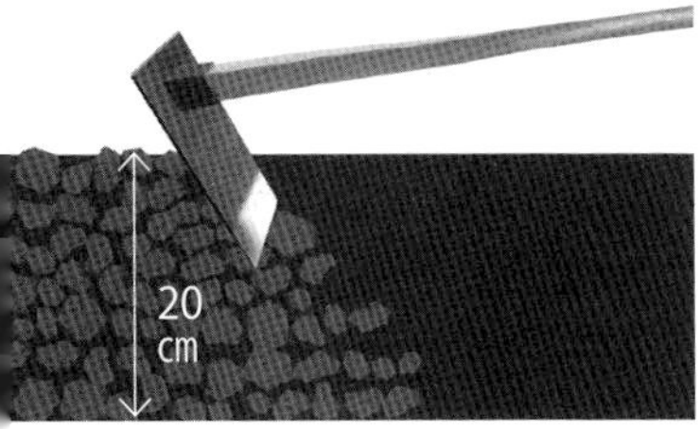

1 首先用鋤頭大致深耕至 20cm深的土壤。

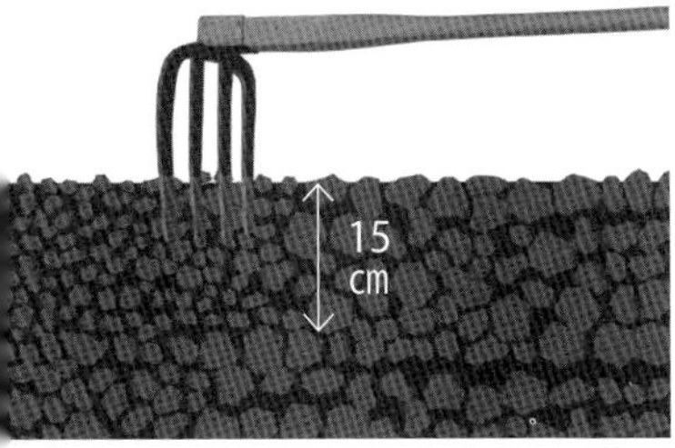

2 接著用四齒耙將 15cm深的土壤稍微耕耙至顆粒狀。

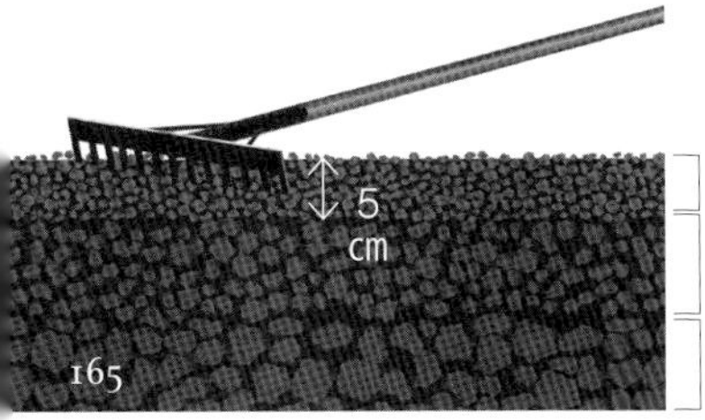

3 最後用長耙將 5cm深的土壤確實耕耙至細碎。

播種當天或前 1～2 天，用長耙耕耙細緻層，避免長出雜草

幼苗定植的基礎知識

可調整栽培時期

育苗後定植的栽培方法有許多優點，像是在尚未達到發芽溫度的時期，可藉由保溫來播種或育苗。因此能提早定植或收成時期。反之，只要在炎熱時期打造出涼爽的環境，就能栽培寒冷時期的幼苗。另外也可以購買市售苗株來定植。

此外，雜草是在定植幼苗後開始長出，所以在雜草防治方面比直接播種來得輕鬆得多。

不過育苗中的環境和定植後的田間環境，在溫度及水分方面有很大的差異。因此定植時需要下許多工夫。

直播或定植皆可的蔬菜該如何播種

栽培玉米或是秋葵等，不論是直接播種或是用幼苗定植皆可的蔬菜時，直接播種於田間，或是播種於黑軟盆中，基本上都是用相同的方法進行播種。

像是蠶豆、四季豆及豌豆等，是要在每個植穴（黑軟盆）中播種1顆，或是播種3顆，待發芽後間拔1株，留下生長狀況較良好的2株。比起播1顆種子，播3顆時可藉由互相競爭，使根系伸長至較深的位置，之後的生長狀況也比較良好。

定植密技①

咕嚕咕嚕定植

定植後使苗株確實固定根系

為了減輕定植後的水分壓力，在定植前2週開始，應稍微減少幼苗的澆水量，使幼苗習慣乾燥。另外，若在溫室育苗時，應於定植的4～5天前，將苗株放置於室外，使其習慣外界的氣溫。

夏季蔬菜在定植的當天早上，應使苗株充分吸水。將苗株連同黑軟盆放入裝水的桶中，浸泡於水中使軟盆中的空氣咕嚕咕嚕確實排出。接著從桶中取出，放置於陰影處2～3小時，使葉子充分吸水後再定植。另外，定植後3～4天不需澆水。藉由停止給水，能讓苗株的根部為了尋求水分而往深處延伸。

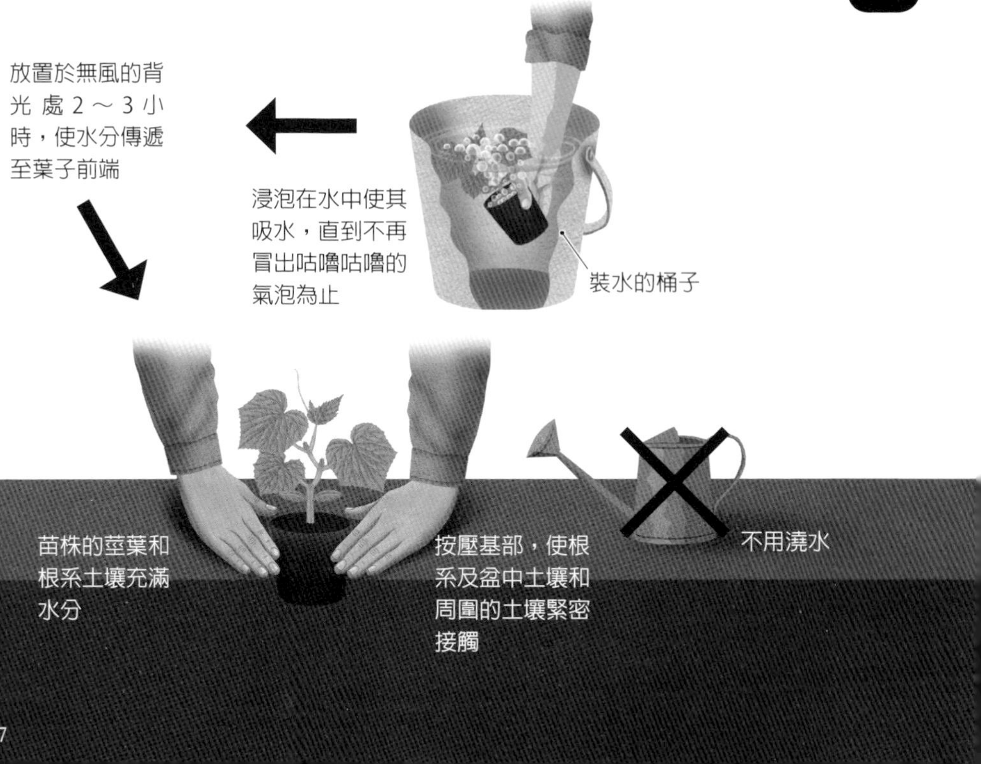

放置於無風的背光處2～3小時，使水分傳遞至葉子前端
浸泡在水中使其吸水，直到不再冒出咕嚕咕嚕的氣泡為止
裝水的桶子
苗株的莖葉和根系土壤充滿水分
按壓基部，使根系及盆中土壤和周圍的土壤緊密接觸
不用澆水

定植密技②

中午前定植/傍晚定植

定植後促進生長狀況

幼苗根據定植的時機不同，生長狀況也會有所差異。番茄、茄子、青椒、小黃瓜、南瓜及西瓜等夏季蔬菜，應在晴天的中午之前定植。由於這些蔬菜適合於日照時間長、氣溫高的夏天生長，所以定植於田間的當天，讓幼苗處於長時間日照和高溫環境，就能打造出正常的生長節奏，使植株生長旺盛。

另一方面，青花菜、白菜及高麗菜等秋冬蔬菜，適合生長在日照時間短，而且氣溫較低的冬天。為了打造出生長節奏，定植於田間的當天，應使其處於短日照及低溫的環境，所以在陰天的傍晚定植。

中午前定植

在晴天的中午之前是夏季蔬菜的定植時機。在定植當天，讓幼苗處於長時間日照和高溫環境

傍晚定植

陰天的傍晚是秋冬蔬菜的定植時機。在定植當天，讓幼苗處於短時間日照和低溫環境

育苗的基礎知識

栽培蔬菜有所謂「苗七分作」

栽培蔬菜的育苗是非常重要的作業，因此日本有所謂「苗五分作」、「苗七分作」等說法，意指苗的優劣影響極大。

播種的位置，可根據蔬菜的特性大致分成三種，也就是育苗箱、黑軟盆，以及在田間準備的苗床。使用育苗箱時，應選擇肥料成分少的乾淨土壤。發芽後長出1．5～2片本葉時，可移植至裝有混合過堆肥、有機肥土壤的黑軟盆中。

在蔬菜的種類當中，有些種類若密集播種，能使發芽和生長狀況變得更好。代表性的蔬菜像是番茄、茄子、辣椒等夏季蔬菜，以及青花菜、高麗菜等秋冬蔬菜等，可用較窄的間距播種於育苗箱中。

另一方面，小黃瓜、南瓜、西瓜及苦瓜等瓜類，則忌密集播種。這些蔬菜種子發芽後，和胚軸連接的交接處（突起的部分，peg）會將種皮脫去伸出地上，因此播種時應避免種子彼此重疊，每個盆中只播1顆種子。此外，白菜也忌密集播種，所以播種時應確實拉出間距。

夏季蔬菜在發芽時需要高溫，所以可將育苗箱或黑軟盆，放置在塑膠隧道等能夠保溫的位置。秋冬蔬菜則性喜涼冷氣候，應於背光等涼爽處進行管理。

育苗
密技①

兩層式育苗

栽培出抗病害的健康幼苗

種子在發芽時，因本身具有充足的養分，所以發芽時幾乎不需要養分。不過到了長出本葉時，就會開始從土壤中吸收養分。因此準備育苗的黑軟盆時，可以將營養較少的土壤，以及富含營養的土壤，分成兩層放入盆中。

若為9㎝大小的黑軟盆，可將充分混合成熟堆肥或有機肥的土壤，放置於盆中底部直到5㎝的位置，上方再放入3㎝不含肥料的赤玉土。並保留最上方2㎝的空間，以便灌水時不會滿出來。

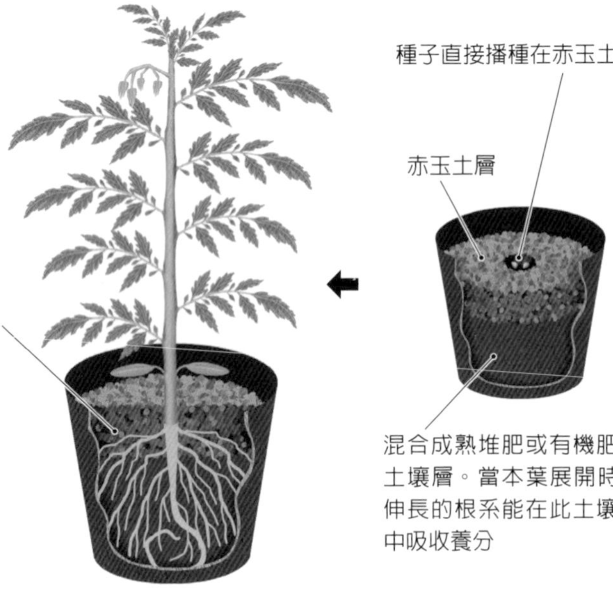
作出兩層土壤，能讓根系確實伸長，也不容易發生病害。如果整盆都是充滿養分的土壤，會讓根系稀少且容易發生病害。反之，若全都是養分不足的土壤，根系會為了尋求養分而生長過剩，在盆中造成盤繞現象

育苗
密技②

提早發芽時期

種子的濕冷處理

種子吸水後，內部的酵素便會開始活化，準備進入發芽階段。這時候若達到發芽溫度就會開始發芽，但是如果溫度太低便無法發芽。然而，就算處於低溫狀態，若酵素已活性化，種子便會開始進行儲存養分的分解及發芽的準備，進入蔬菜的生長階段。

番茄等性喜溫暖氣候的蔬菜，其發芽溫度為12℃以上。因此可將種子浸泡於水中一晚，再用浸濕的廚房紙巾等包覆並放入塑膠袋中，接著放入冰箱冷藏蔬菜室等的8～12℃低溫狀態1個月，之後再播種，由於種子已進入生長階段的關係，發芽的生長速度大約能提早1週左右。

種子的吸水和催芽

種子發芽時的吸水，可分成第1次吸水、第2次吸水，以及第3次吸水的三個階段。

第1次吸水是從種子表面及吸水口來吸水。能讓酵素活化，分解儲存於種子內部的養分，變化成能夠用於代謝及組織分化的形式。

第2次吸水是組織分化的開始，芽的部分開始膨大。

第3次吸水則是根部分化開始吸水。

到第2次吸水階段的種子，就算乾燥也不會枯死，若再次給水就能重新進入發芽階段。

不過，若使第3次吸水階段的種子乾燥，便會使種子枯死。直接播種於田間的種子，也同樣會歷經這三種階段。

育苗密技③

提高耐寒性／耐熱性

低溫／高溫處理

蔬菜都有各自的生長適溫。不過，就算暫時處於超過適溫範圍的高溫或低溫，也不會立刻枯死，而是出現各式各樣的生理反應。

像是白蘿蔔或紅蘿蔔等春天開花的蔬菜，遇到低溫後便會促進花芽分化。另外，於夏季休眠的洋蔥和大蒜遇到高溫時，就會從休眠中醒來。

當幼苗長出3片本葉時，使番茄或茄子等經歷8～12℃的低溫，便可增加耐寒性，反之若使高麗菜和萵苣等經歷23～28℃的高溫，便能增加耐熱性。

育苗密技④

不覆土以增加發芽率

散播

萵苣等蔬菜是發芽時需要陽光的「好光性種子」。因此若像是其他蔬菜種子般，在播種後覆土，反而會出現無法發芽的情況。

萵苣在育苗的時候，於裝有土壤的黑軟盆充分澆水後，將種子散播於表面，播種完不需要覆土，使種子能照到光線。若土壤呈現乾燥時，可由盆底給水使其吸水。

像是牛蒡等，不需要育苗直接播種於田間的蔬菜當中，也有「好光性種子」。播種時，可用鋤頭的把手部分，於田間土壤壓出3～5㎝的凹陷，並將種子直接播種於凹陷處，為讓種子能照到光線，播種完不需覆土。

育苗
密技⑤

提升抗病性

切斷胚軸扦插法

於本葉展開～長出3片本葉的期間，若將胚軸切斷，通常在無菌狀態的植物當中，便會有微生物入侵。這時候，就能夠使沉眠於植物中的抵抗力甦醒，栽培出抗病蟲害的幼苗。

當幼苗生長至本葉展開～長出3片本葉時，從胚軸的部分切除當作插穗。將插穗放在水中浸泡2小時吸水，接著扦插於鹿沼土或砂質壤土等，不含養分的土壤中。發根需要4～5天，因此在扦插後10天，移植到含有養分的土壤中育苗。這個方法適用於番茄、茄子、青椒、小黃瓜、南瓜、青花菜、白菜、高麗菜等蔬菜。

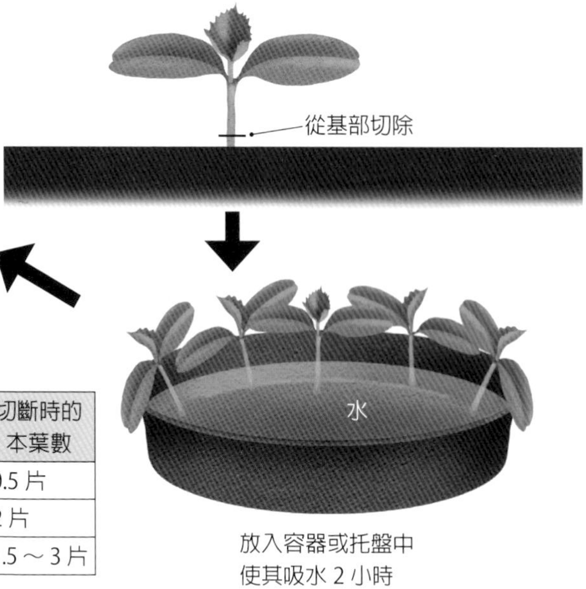
從基部切除
水
放入容器或托盤中
使其吸水 2 小時

扦插於黑軟盆中

科	蔬菜種類	切斷時的本葉數
葫蘆科	小黃瓜、西瓜等	0.5 片
茄科	番茄、茄子等	2 片
十字花科	白菜、高麗菜等	1.5 ～ 3 片

營養繁殖的基礎知識

將莖部肥大或是變化的部分加以繁殖的種類，像是馬鈴薯、芋頭及生薑等。另外，將鱗芽或鱗莖肥大的部分加以繁殖的種類為大蒜，將肥大的根部加以繁殖的類型則是地瓜。

此外，多年生的蔬菜雖然一般是用種子來繁殖，不過也可藉由營養繁殖來栽培。但是營養繁殖的方法較困難，所以仍然是以播種為多。然而像是番茄等扦插容易的蔬菜類，就可以用營養繁殖來栽培。

在每次定植時恢復生長勢

馬鈴薯、芋頭、地瓜、生薑，以及大蒜等，這些蔬菜是將莖或根類在地下肥大的薯類及芽，進行營養繁殖加以栽培。

這些蔬菜雖然也可以用種子繁殖，不過從播種到收成需要2年以上的時間。

此外，由於特性無法固定，從種子到長出的個體，也有可能呈現出和母株完全不同的特性。

進行營養繁殖的時候，若沒有進行世代更新，持續不斷使用相同個體的話，便會使植株老化。因此在每次定植的時候，可藉由分球或分割來更新世代，讓植株恢復生長勢。

好書推薦

友善環境的
共生小菜園

定價 250 元　18.8×25.7cm　96 頁　彩色

◆ 本書特色 ◆

所謂共生植物（Companion plants）種植，就是搭配相容性良好的各種不同植物進行混合種植的意思，不僅可大幅減少病蟲害，亦可促進生長。以下介紹共生植物混植的基本思考方式。

◆ 蔬菜在同伴互助合作下一起成長

◆ 自己不需要的物質可幫助其他蔬菜生長

現代農業的想法，都是以使用化學肥料與農藥為前提，要直接運用在家庭菜園上有其困難。因此，在此推薦利用共生植物（Companion plants，將可相容的不同植物混合種植）種植，以大幅減少農藥及化肥使用量的栽培方法。

現代農業為提高生產效率，一般都是在一塊農地上進行單一作物種植。不過，野生植物本來的生長環境大部分都非單一種類，而是集合了多種植物（共生植物）共生共存。如此的話，病蟲害等問題就不會發生，也可促進各種植物的生長。共生植物混植的構思方式就是源自於「混植狀態的環境才可產生穩定生長的群落」，這也是搭配種植的原點。

瑞昇文化
http://www.rising-books.com.tw

＊書籍定價以書本封底條碼為準＊
購書優惠服務請洽：
TEL：02-29453191 或 e-order@rising-books.com.tw

PROFILE

木嶋利男（Kijima Toshio）

1948年出生於日本栃木縣。東京大學農學博士。曾任栃木縣農業試驗場生物工學部長、自然農法大學校長，現任農業・環境・健康研究所理事長、MOA自然農法文化事業團理事。曾獲科學技術廳長官獎、全國農業試驗場會長獎。著有《活用傳承農法　家庭菜園的科學》、《作出「栽培土壤」家庭菜園的科學》（皆為講談社Bluebacks）、《不依賴農藥的家庭菜園》、《活用傳承農法 從漫畫學習家庭菜園的密技》、《不依賴農藥、化學肥料 栽培出美味蔬菜的密技》、《提升蔬菜品質及收成量的連作建議》（皆為家之光協會）等書。

TITLE

定植與播種 豐收密技

STAFF

出版	瑞昇文化事業股份有限公司
作者	木嶋利男
譯者	元子怡
總編輯	郭湘齡
責任編輯	蔣詩綺
文字編輯	黃美玉　徐承義
美術編輯	孫慧琪
排版	曾兆珩
製版	明宏彩色照相製版股份有限公司
印刷	印研科技有限公司
法律顧問	經兆國際法律事務所　黃沛聲律師
戶名	瑞昇文化事業股份有限公司
劃撥帳號	19598343
地址	新北市中和區景平路464巷2弄1-4號
電話	(02)2945-3191
傳真	(02)2945-3190
網址	www.rising-books.com.tw
Mail	deepblue@rising-books.com.tw
初版日期	2018年2月
定價	300元

ORIGINAL JAPANESE EDITION STAFF

装丁・本文デザイン	仲 快晴（ADARTS）
イラスト	山田博之
校正	かんがり舎
レイアウト・DTP制作	明昌堂

國家圖書館出版品預行編目資料

定植與播種 豐收密技 / 木嶋利男作；元子怡譯. -- 初版. -- 新北市：瑞昇文化, 2018.02
176面；14.8 x 21公分
ISBN 978-986-401-218-3(平裝)

1.蔬菜 2.栽培

435.2　　106024895

DENTOU NOUHOU WO IKASU YASAI NO UETSUKE TO TANEMAKI NO URAWAZA